DHC EPOCH

District Heating and Cooling Ideas and Practices

DHC时代

区域供冷供热理念及实践

中电节能 编著

U0172234

华中科技大学出版社
http://www.hustp.com
中国·武汉

图书在版编目（CIP）数据

DHC 时代：区域供冷供热理念及实践/中电节能编著. —武汉：华中科技大学出版社，
2020.12
ISBN 978-7-5680-1538-7

Ⅰ.①D⋯　Ⅱ.①中⋯　Ⅲ.①供热工程－研究　②供冷－工程－研究　Ⅳ.①TU83

中国版本图书馆 CIP 数据核字（2020）第 219038 号

DHC 时代：区域供冷供热理念及实践 中电节能　编著
DHC Shidai：Quyu Gongleng Gongre Linian ji Shijian

策划编辑：易彩萍
责任编辑：易彩萍
封面设计：原色设计
责任校对：李　弋
责任监印：朱　玢
出版发行：华中科技大学出版社（中国·武汉）　　　电话：(027)81321913
　　　　　武汉市东湖新技术开发区华工科技园　　　邮编：430223
录　　排：华中科技大学惠友文印中心
印　　刷：武汉市金港彩印有限公司
开　　本：710mm×1000mm　1/16
印　　张：15
字　　数：283 千字
版　　次：2020 年 12 月第 1 版第 1 次印刷
定　　价：90.00 元

序言一
FOREWORD 01

写给《DHC时代：区域供冷供热理念及实践》

我是一个教书匠，哈尔滨工业大学"规格严格，功夫到家"的校训一直在激励我竭尽所能地做好传道、授业、解惑的工作。2001年我从中国城市建设研究院退休，有幸在花甲之年接触到区域供冷供热（DHC）这个备受国际市场推崇、国内市场却很新鲜的"舶来品"，之后开始热衷于DHC概念和理念的解读、传播，同时为了推动DHC在国内更好地落地实施，我也开始着手国内人才队伍的培养和行业平台的搭建。

近20年来，DHC在国内的发展经历了从无到有、从蹒跚学步到逐渐成熟的巨大变化，截至目前，已有近600个项目顺利实施。无论从市场需求角度，还是从高质量发展角度，都可以充分验证DHC旺盛的生命力和对中国市场强大的适应力，同时验证了DHC可以作为实践习近平总书记提出的"能源革命战略在城市（镇）落地"的最有效和可实施路径之一。

近20年来，我很荣幸见证了DHC产业在中国市场的有序发展，目睹并深刻感受到了新时期传统企业经历的转型阵痛与新进入者面临的困惑。因此，我一直希望、呼吁，区域能源全产业链各环节头部企业和精英团队能够向全行业分享"真经"，共享行业真谛，共建产业真信。

由武汉中电节能主编的《DHC时代：区域供冷供热理念及实践》便承担了这一使命。作为区域能源领域"传道、授业、解惑"的典范之作，本书不仅印证了多年来我对区域能源的前景判断，也了却了我的一桩心愿，即让国内更多主管部门、地方政府和行业从业者全方位、客观地了解和认识DHC。

本书通过全面梳理分析，为国内外同行呈现了中国特色服务生态城市（园区）低碳绿色和可持续发展的区域能源系统解决方案。这样的解决方案立足生态环境与经济发展协同，以技术稳定和供应保障为前提，从前期策划、商业模式、技术路径、创新实践和生态赋能等方面，多角度、全方位地展现出一幅立体化的"区域能源全景数字化图"。

借此机会分享一些我对 DHC 的认识和见解，供读者思考与共勉。

1.DHC 是一个有生命力的理念

国际区域能源协会 100 多年的项目实践和国内 20 年的实际应用充分印证了 DHC 这一成熟理念的生命力。

理念是人类对大自然规律认知后的行为导则。1877 年，人类在熟练生产、输配、供应和使用能源的基础上，首次采用了区域供热。随着生活水平的提升和舒适度的改善，逐步实现了区域供冷。这是人类能源认知理念上的一个重大飞跃，推动了人类对能源的开发利用，包括能源的生产、输配，利用技术、设备研发和运营管理模式等，使得能源的开发利用发生了革命性的提升和改进。

与此同时，基于资源潜力挖掘与市场供需匹配，城市供能范围也正普遍从建筑单体分散向区域集中转变，供能模式从综合需求、单一原料向多能互补拓展，节能模式从设计节能向运营节能延伸。

如今，DHC 已开始探索全过程、全生命周期对节能理念的深度实践和创新应用。这是对大自然生命规律的肯定和尊重，是人类文明的进步。

2.DHC 是当今全球的共识和一致行动

国际区域能源协会成立于 1909 年，拥有逾百年历史。中国区域能源专业委员会成立于 2009 年，致力于 DHC 全产业链协同发展和可持续生态链构建，从当前实践看，中国 DHC 产业发展已势不可挡。

2015 年，联合国在全球倡导区域能源项目建设并推广城市区域能源示范，提出要充分激发能源效率和可再生能源利用潜力。联合国环境规划署（UNEP）、人居署（UN-HABITAT）与倡导地区可持续发展国际理事会（ICLEI）共同发起了这一倡议。在中国，DHC 也已经被列为中国作为主席国牵头制定的 G20 能效引领计划的重要内容之一。可以说，发展 DHC 已成当今全球共识和行动。

3.DHC 在中国的有序发展和未来蓝图

事实上，我国的 DHC 应用场景可以追溯到北方农村的火炕，其智慧地解决了农民冬季御寒和炊事的刚性需求。在 1949 年前后，DHC 应用场景进一步拓展至城市区域集中供热领域。

分地域看，DHC 应用场景主要分北方地区的集中供热、中部地区的集中供冷供热，以及南方地区的集中供冷三类。目前我国从事 DHC 的能源投资运营服务公司数量已达到近 2000 家，这些运营服务公司又带动了全产业链（包含但不限于策划、规划、融资、投资、设计、采购、建设、施工、调试、运营、管理、服务等）超过 12000 家企业协同发展。

随着城市新城区建设和老城区改造的快速推进，每年都有大量的 DHC 项目建成投产，这些项目的高质量、可持续运营对于提高城市能源使用效率和降低污染排放发挥了重要作用。

4. 武汉中电节能是 DHC 产业高质量发展的标杆和催化剂

武汉中电节能是一家科技型应用企业，专注于建筑能源在园区的理论研究和实践应用，在 DHC 的商业模式创新和可持续经营方面有核心竞争力。

作为国内区域能源行业的先行先试者，公司通过近十年的发展，开展了诸多实践和创新应用，简要归纳如下。

（1）坚持厚植企业文化根基，用责任和担当引领实践。

武汉中电节能是一家始终注重厚植能源文化底蕴的企业，企业管理层用高水平的能源文化认知构建企业的顶层设计，用高度的社会责任感对区域能源前沿理念开展探索实践，并通过对项目经验的总结梳理，又进一步优化提升了企业自身的认知能力和实践能力。

（2）立足技术创新，但不拘泥于技术本身。

武汉中电节能是一家高新技术企业，但又不局限于单一技术创新，该企业在不断追求技术先进性和稳定性的基础上，又在整体解决方案、应用场景探索、商业模式创新等方面开展了卓有成效的创新和应用实践。

（3）致力共建共享，做全产业链的先进实践者。

武汉中电节能引领性地提出了构建覆盖全产业链、技术高度整合的数字化解决方案，并注重用全过程、全生命周期的市场经营理念指导产业实践，致力于打造各参与方共建、共赢、共享的区域能源产业链生态圈，最终实现一体化协同发展。

实践证明，在"绿色构筑多赢"理念指导下，中电节能已用精细化管理和专业化服务，初步实现了全产业链的共赢和可持续发展，使得 DHC 成为地方政府和行业高质量发展的有效路径之一。

（4）勇立"潮头"，用十年坚守换来累累硕果。

武汉中电节能勇于担当，分别在 2014 年和 2018 年两次作为中国区域能源年会的承办单位，为推动行业的发展作出卓越贡献。

正所谓"十年寒窗磨一剑，今朝出鞘试锋芒"，现如今"中电节能"这个品牌已经被行业和社会所认可。该企业先后被武汉市发展和改革委员会授予"武汉市区域能源研究应用中心"，被武汉市科学技术局授予"武汉市企业研究开发中心"，被中国区域能源专委会（CDEA）授予"CDEA 系统·控制中心"等。相关区域能源项目也是屡获殊荣，其中光谷金融港项目区域供冷供热智慧能源系统被中国六大能源行业专委会联合授予"2020 中国综合智慧能源优秀示范项目"。

鉴于区域能源在国际的百年项目实践经验，DHC 在国内经历十年有序发展的基础，DHC 将开启中国节能 3.0 时代，实现点式节能向系统节能、楼宇节能向区域节能、设备能效向系统能效提升的转变。随着中国 5G、新基建的快速发展，DHC 市场也将得以快速拓展，专业化服务＋精细化管理将持续为客户赋能和创造价值。

"5G＋新基建＋人工智能"同时也将为 DHC"插上"数字化的"翅膀"。中国区域能源专委会在过去十年积淀的基础上再次大胆创新实践，目前基于阿里系钉钉氚云自主研发的中国区域能源大数据暨应用云平台已经运营。以此为契机，中国区域能源新十年的数字时代即将开启。借助大数据云平台，中国区域能源专业委员会无疑将为会员企业进一步赋能增值，切实推动行业共挖数据价值、共享数字经济。

中国建筑节能协会区域能源专业委员会名誉主任

中国区域能源创始人

许文发

开创 DHC 的时代

大约 10 年前,伴随人类历史上规模空前的工业化和城市化,我国超越日本成为世界第二大经济体,并成为世界上第一大能源生产国和消费国。然而,日本、德国、瑞典等国的能源利用效率几乎接近 70%,我国的能源利用效率整体却不足 40%,我国与普遍采用先进生产技术和消费模式的发达国家相比差距巨大。走资源节约型和环境友好型的可持续发展之路已成为我国的基本国策。近 10 年,我国新能源技术特别是可再生能源技术发展迅猛,在能源生产和能源技术领域与先进国家的差距在快速缩短。然而,相比于能源生产与能源技术进步所受到的高度重视,能源消费的现金理念和方式却往往被忽视。

能源消费文明是城市治理现代化的重要组成部分。2014 年 6 月,习近平总书记提出推动能源"四个革命,一个合作"的总要求,将我国的能源整体战略上升到前所未有的高度——特别具有远见卓识的是提出了"能源消费革命"——为中国的能源体系结构转型指明了方向。

武汉的气候冬冷夏热,但统筹解决夏季供冷和冬季供热方法和技术的应用却相对落后,基础设施建设也相对薄弱。因此,在武汉,但凡大型综合性城市建设项目都会为如何有效解决供冷供热问题产生困惑。通常采用的如分体机、VRV 及单体中央空调等方式,要么因为室外机和冷却塔的安置使建筑设计的视觉秩序受到极大限制,要么室内环境的体感差,更为突出的是建设投资预算中设备成本高、能耗大。用"分散"的方式解决供冷供热问题终究是能源消费文明发展过程中的阶段性过渡方式。

早在 20 世纪 60 年代初,美国哈特福德地区就首先尝试区域集中供冷的商业化应用,由此开启了区域集中供冷供热的发展历程。DHC 成为推动能源消费及文明建设的基本模式,在北美、欧洲、日本得到广泛推广,成为提升建筑节能水平的有效方式。

当我们意识到能源消费领域的变革需要发挥应用端的力量方能有效推动时,即立刻付诸行动。武汉中电节能成立于 2010 年，之后我们一直在践行绿色发展理念，探索建筑节能方式，推动能源消费方式进步。公司也因而成为中国较早全面吸收、消化、实践、创新 DHC 理念与技术的高新技术企业。经过 10 余年的发展，我们先后在武汉、郑州、合肥、长沙、成都、上海、天津、咸阳等地规划实施了十多个类型不尽相同的 DHC 项目，形成了具有纵向可对比、横向可参照的宝贵技术参数体系和比较完整的技术标准体系、操作流程规范，从而促使 DHC 在中国的实践从试验走向成熟，可以说迎来了 DHC 时代。

随着人工智能、大数据技术的广泛应用，武汉中电节能意识到行动的时机，积极引进、探索人工智能在 DHC 运营中的应用，进而实现了多系统协同场景智能化，即拥有自组织、自检查、自平衡、自优化等人类大脑功能，满足区域供冷供热系统安全节能的基本要求，实现了自动控制和数据存储计算的可视化，并由此形成了集中控制的智能化管理平台，有效实现包括负荷预测、健康检查、精准维护、水利平衡、能耗管理和数字孪生等模块功能，结合能源禀赋和一次能源价格，显著优化了工作生活场景的用能需求。可以设想，对于武汉中电节能的智能化管理平台下的 DHC 系统而言，运营过程中积累的数据越来越丰富，通过平台的大数据运算和自学习能力，会让任何一个 DHC 子系统不断演化升级。

今天，武汉中电节能已具备 DHC 规划设计、工程建设和系统运营的全生命周期综合性专业能力。在规划设计阶段，可以基于数字孪生物理模型，模拟系统运营，对系统设计、参数选用、设施设备的选择和运营进行控制设定，更趋合理优化，并可以较大幅度地降低投资成本；在工程建设阶段，对关键节点的把控、传感器的布设、施工方案的调试更为合理快捷；在运营阶段，基于数字化能力的运营策略、维护计划的制订以及系统的升级改造也将更为科学高效。这些探索和实践，可以看作是一个企业的使命、眼界、远见和能力的体现。

展望未来，随着边缘计算、5G、增强现实（AR）等技术的进一步发展，通过探索建立数字孪生城市、打造城市智能运行体系，是构建智慧城市重要的可实施路径。宏观上，能源作为城市运行的基础，需要发电系统、电力输配系统、DHC 系统等整体协同优化，形成低碳社会，为人类的可持续发展提供长远动力。微观上，DHC 算法应用会逐步走向精细化，将部署在边缘设备的高频震动分析用于旋转设备和输配管网的早期预诊断，通过发现潜在微弱的信号异常来判读设备裂纹、松动等问题；基于 BIM（building information modeling，建筑信息模型）系统和 5G 的传输速度，安装和运营的信息必将打通，运营效率会大幅增强且具有强交互性的可视化功能；基于增强现实（AR）的技术可以自动化巡检和智能维修并辅助现场运营维护人员。基于以上技术的科学部署与实际应用，一切长远而宏大的目标都将变得触手可及。

过去若干年，武汉中电节能作为中国建筑节能协会区域能源专业委员会副会长单位，为制定 DHC 行业标准和广泛推广应用提供了宝贵的系统运行数据实施经验。公司总经理曲滨先生担任专业委员会副会长，为协会的工作作出积极贡献。这些都让我深感欣慰。

两年前，我提议武汉中电节能将研究与实践 DHC 的背景、过程、收获与贡献进行梳理，出版一本专著，促进新的能源消费理念的广泛传播。这项工作经曲滨先生牵头组织并与杨武道、钟凡等共同主笔，在武汉中电节能成立 10 周年之际如期完稿，成为公司 10 年发展的一个历史见证。在此感谢尹碧涛、李明辉、程朝然、郁云涛、周卫斌、陈东、孙利军、郭敏、孙艺军、华明俊、谢湘鄂、王亦斌、占华梅、刘红艳、严胜良、彭健、伍燚、杨轩、汪洪、程诗嫚、杨秋、叶洵、陈新辉、邓伟、朱璇、聂俊龙、林亚娜等各位同仁和朋友参加此书的编撰工作，从不同角度贡献自己的知识与经验，从理论与实践的结合上全面阐述了 DHC 的系统原理、技术特点和应用优势，积极将 DHC 理念转化为实践。还要特别感谢郭焦峰、许文发、王钊、白首跃、李赟五位先生给予的宝贵指导，许文发先生还拨冗为本书作序。许文发、王钊二位先生多年来大力支持武汉中电节能的发展，并担任公司独立董事，此书中多处都表达了他们对于 DHC 未来发展的真知灼见。

DHC 既是一种技术系统，更是一种文明理念。"分散"还是"集中"，这已不仅是一个技术问题，而是一个文明的时代演进问题。我坚信，以"分散"为主体的方式只是工业化、城市化快速演进的一个阶段性解决方案；从整体规划出发，梯级利用能源，区域性解决供冷供热问题的时代正在到来。未来，解决人类室内空气和环境质量的根本出路不是建立在"分散"的基础上，而是立足于区域性的"集中"。

武汉中电节能有限公司董事长

黄立平

前言
PREFACE

能源是社会发展的基石，是世界文明前行的动力，更是人类活动的物质基础。从某种意义上讲，社会的存在与发展，离不开人类对优质能源的探索和对先进能源技术的应用。

自 1877 年美国芝加哥军备所的建筑群落首次采用区域供热技术，2020 年，区域能源迎来了它的第 143 个春秋。从最初的技术试探，到如今的蓬勃发展，经历过两次石油危机所带来的机遇，区域能源技术如今已然成为各国解决能源与环保问题的全新期待。

有人把进步分为两种形式：水平进步和垂直进步。水平进步也称广泛进步，就是从 1 到 N。比如全国近 3 年来平均每年有百余个项目采用了区域能源的技术。垂直进步也称深入进步，是从 0 到 1 的进步，比如这每年百余个区域能源项目，真正结合了实际，做到了思维创新与持续经营。用一个词来概括水平进步，就是同质化，中国的区域能源项目就是最好的范例。垂直进步也可以用一个词来概括，那就是创新。从 1877 年到 2020 年，科技迅速发展，全球项目的同质化也快速蔓延。如果全世界都用同一种旧方法去创造问题，那就会成为灾难。丢掉了创新的技术也必将不会长久。

可以说，区域能源技术正是不断从水平与垂直的角度进步，并逐渐成为能源领域的明星技术。

2010 年 9 月到 2020 年 4 月，世界沉浸在互联网带来的变革中。这段创新的互联网热潮的背景就是一个无序的世界再一次重置。旧的思维无法应对挑战，如果想要未来更好，就只能融入这场变革之中，"互联网＋区域能源"是为数不多可以前进的道路之一。区域能源又一次拥抱变化，从而加快了以进步思维重新定义区域能源的脚步。

近年来，在边缘计算、数字孪生、5G 和深度神经网络等新兴技术发展的背景下，不同系统数据在云端统一存、通、用，经过深度分析，物联网、大数据和人工智能等技术得到迅猛的发展。

特别是近十年来，人工智能和数据科学在国际学术研究和市场应用上都取得了长足的进步，尤其是在资本的推动下，呈现出蓬勃的发展态势。能源领域人工智能的应用主要集中在运营阶段，基于 AI 实现多系统协同场景智能，即拥有自组织、自检查、自平衡、自优化等人类大脑功能，满足区域供冷供热（DHC）系统安全、节能和经济要求的智慧能源。

传统的自控系统一般采用反馈控制策略，设计时对负荷需求和设备运行都做了大幅度的简化和假设，在系统设备良好的情况下一般能满足正常运行。但是面对几十甚至上百栋的建筑群和复杂多变的用户单元，以及多年运行后设备老化等情况，DHC 的运行逐渐低效而且耗能。运行复杂的 DHC 系统，需要大数据分析、人工智能平台在不同阶段满足不同的需求。

与传统机房相比，DHC 在规划建设时提供了良好的信息化基础设施，实现了自动控制、数据存储和可视化。DHC 系统在运营阶段，需要更专业的运营团队来确保系统运行的顺畅和信息化基础设施的健康。与此同时，多年的历史数据和运营经验提供了探索和验证的空间。

武汉中电节能通过近十年的运营数据和运营经验，以暖通空调理论基础和能源服务可持续发展，结合人工智能大数据做出了一些前沿研究、项目实践和效果验证成果。以例为证，2019 年 8 月 5 日，企业远程监控中心大屏显示武汉金融港 DHC 系统当周的负荷预测将比上周增加 10% 以上，负荷预测显示峰值预计在 8 月 7 日上午 9 点 10 分出现，同时冷机站 3 号离心机会增开启动，基于历史统计分析，预测该冷机大概率会出现喘振。基于 DHC 能源系统物理模型模拟和系统节能优化策略，武汉中电节能提出了解决方案：一是将常规的冰蓄冷启动时间从 4 点提前至 3 点，增加蓄能；二是基于大数据分析，冷冻水经过输配管网覆盖 95% 以上租户的时间是 40 分钟，因此建议在 8 点 30 分冰蓄冷开始释放能量；三是基于 LSTM 的负荷预测算法和多冷机运行优化算法，在系统上层进行前馈控制，调整冷机开启顺序和出水温度设定点。这套方案使得当日在满足负荷需求下总能耗仅升高约 1%。

目前智慧能源平台已开发了负荷预测、健康检查、精准维护、水力平衡、能耗管理和数字孪生模型等模块，结合能源禀赋和一次能源价格，极大满足了各种生产生活场景的用能需求，确保 DHC 系统科学运行。

　　可以设想，随着智慧能源平台下的 DHC 系统越来越多，运营过程中积累的数据会越来越丰富，平台的大数据运算和自学习能力，会让 DHC 系统运行再演化、更智能。在规划设计阶段，基于数字孪生物理模型模拟系统运营，对系统设计、参数选用、设备设施的选择和运营控制设定将更合理、更精确。在工程建设阶段，对关键节点的把控、传感器的布设和施工方案的调试将更合理、更快捷。在运营阶段，运营策略和维护计划的制定以及系统的升级改造也将更科学、更高效。

　　展望未来，随着边缘计算、5G、增强现实（AR）等技术的进一步发展，通过探索建立数字孪生城市、打造城市智能运行体系，是构建智慧城市重要的可实施路径。宏观上，能源作为城市运行的基础，需要发电系统、电力输配系统、DHC 系统等整体协同优化，形成低碳社会，为人类的可持续发展提供长远动力。微观上，DHC 算法应用会逐步走向精细化，将部署在边缘设备的高频震动分析用于旋转设备和输配管网的早期预诊断，通过发现潜在微弱的信号异常来判读设备裂纹、松动等问题；基于 BIM 系统和 5G 的传输速度，安装和运营的信息必将打通，基于 BIM 的运营效率会大幅度增强且具有强交互性的可视化功能；基于增强现实的技术可以自动化巡检和智能维修并辅助现场运营维护人员。基于以上技术的科学部署与实际应用，一切长远而宏大的目标都将变得触手可及。

目 录
CONTENT

5 技术创新与节能增效

6 专业化运营管理

7 大数据与智能智控

8 DHC 的市场推广

1

认识 DHC

UNDERSTANDING THE DHC

　　区域能源是基于能源、环境、需求、技术、商业模式与政策等多重因素的统一构成。DHC 作为区域能源在建筑用能领域的一种高效、集约的能源利用方式，突破了常规静态负荷需求的节能思维，不再是简单的中央空调冷暖机房，其理想目标是通过能源使用形式和能源消费结构的转型，提升能源利用效率，减少 CO_2 等气体排放，提高城市空气质量与环境治理水平，实现开发商、用户、政府、运营商等多方共赢的可持续发展局面。

从 1877 年美国芝加哥首次采用区域供热技术，到 1961 年美国哈特福德地区采用商业化区域供冷项目应用，至今，相关技术的演变前后经历了一百余年。从发展历程看，DHC 的应用实施经历了第二、第三次工业革命爆发的时间节点，技术进步刺激了能源需求的增长，能源需求则提供了技术革新的动力。可以说，DHC 的发展是技术、能源共同进步的结果。

第一节　DHC 的由来

一、能源革命与技术创新

能源是重要的生产要素资源，是社会发展的物质基础。能源革命是人类在能源开发和利用过程中所发生的能源系统的演替过程。从历史上看，以技术创新和生产力解放为显著特征的工业革命极大地激发了能源革命，与此同时，能源革命加速了工业革命的进程，最终带来了能源形式和能源结构上的改变。

能源是社会发展的引擎，在社会快速发展的今天，能源在一定程度上制约和影响着经济的发展，能源是点燃和支持中国梦实施的支点和杠杆。

能源革命国家战略的号角已经吹响，区域能源系统解决方案是国家能源革命在城市（镇）的落脚点和可实施路径，同样也是体制创新和机制创新的协同实践。

18 世纪末至 19 世纪初，纺织机、蒸汽机的发明标志着第一次工业革命爆发，机械力开始大规模代替人力，能源需求大大增加，以木材为主的生物质能已不能满足大工业生产的需求。与此同时，蒸汽机的运用极大地提高了煤炭生产效率，促进了煤炭工业的发展，煤炭取代木材成为主导能源并延续了上百年之久。

19 世纪 70 年代至 20 世纪初，以发电机的发明运用为标志的第二次工业革命爆发，光、热和机械动能需求形式转换成电能，并通过电网远距离传送，促进了能源加工业的发展，机械化走进电气化时代，能源产业链延长，能源结构再一次发生质变，即以煤炭为主的一次能源结构逐步转向以石油为主的二次能源利用形式，化石能源消费需求极大增长。

从 20 世纪 50 年代起，西方国家经济高速发展，世界人口、环境与资源之间的矛盾逐步凸显，特别是 20 世纪 70 年代的两次石油危机引发了工业发达国家的经济危机。这一时期，以计算机、信息化和通信产业变革，以及原子能技术、人工合成材料、分子生物学和遗传工程等高新技术为代表的新兴科学技术大爆发（被称为"第三次科技革命"），极大地激发了能效革命，践行可持续发展理念、减少化石能源消费、减少温室气体排放、改善生态环境等逐步成为社会共识，以核能为代表的新能源和可再生能源逐步代替化石能源为标志的第三次能源革命开始酝酿，并登上历史舞台。

第三次能源革命重在寻求人与自然、社会和谐发展的途径，其意义不仅关系到经济的可持续发展，而且关系到人类的可持续发展，能源消费向多能源结构过渡转换，清洁、低碳、高效和智能化的能源系统成为趋势。其中，能源技术是经济社会转型升级的关键，也是新一轮科技、产业革命的突破口，技术创新是能源结构优化及转型升级的不竭动力，在能源革命中起决定性作用。能源技术革命可以加快调整高消耗、高污染、低效益的传统产业结构，形成有利于能源利用的绿色、循环、低碳的现代产业体系。

当前，能源革命的基本发展趋势是清洁、绿色、低碳能源消费供给，能源形式上形成了煤、油、气、核、可再生能源等结合的多元能源供应形式。从结构上看，煤炭、石油等高碳化石能源将逐渐被天然气和页岩气等低碳能源取代，可再生能源将得到大规模的开发使用，核能的利用也会更安全。同时，能源互联网、大规模储能、先进能源装备及关键材料等重点领域有了新的突破。绿色可再生能源技术、能源高效利用技术、节约能源技术和温室气体减排技术的开发和应用是推动能源革命的主要动力，将极大地优化能源结构和时空布局。

能源技术创新降低了可再生能源和其他新能源的开采、供应及消费成本，倒逼市场化价格机制形成，为构建有效的市场机制创造了有利环境，大大推动了能源消费革命。同时，要充分发挥技术创新的动力源泉作用，更需要制度、政策、市场相互作用和协同演进。总之，技术创新是引领能源需求和能源发展的动力，在能源革命中起着决定性作用。

二、能源消费革命与建筑节能

能源革命是人类有史以来关于能源的开发和利用方式上的重大突破，不局限于满足单纯的能源生产和消费需求本身，而是将能源发展与人类的前途和命运紧密联系，将能源的清洁化和无碳化作为人的自觉追求①。

中国能源革命的主要方向是实现从数量增长到质量跨越，需要解决能源、经济、生态的三大关系。党的十八大提出了"中国能源生产与消费革命既是建设生态文明的突破点、关键着力点，也是当前可持续发展的内在和迫切的需求，还是顺应世界发展潮流的战略选择"。2014 年 6 月 13 日，中央财经领导小组第六次会议研究了中国能源安全战略，再次提出推进能源生产和消费革命。在这次会议上，习近平总书记提出推动能源"四个革命、一个合作"的总要求，将我国的能源战略上升到了前所未有的高度，为中国的能源转型指明了方向。2016 年 12 月 29 日，国家发展和改革委员会制定了《能源生产与消费革命战略（2016—2030）》，在能源消费革命、能源生产革命和能源技术革命方面提出了确切的目标和行动路线，即实施能源消费总量和强度"双控"行动，把"双控"作为约束性指标，推动形成经济转型升级的倒逼机制。该战略提出，2020 年能源消费总量控制在 50 亿吨标准煤以内，2030 年控制在 60 亿吨标准煤以内。这标志着中国进入改变传统能源生产和消费观念、开启能源革命、构建现代能源体系的新时代。

我国已经成为世界第一大能源生产国和消费国，如图 1-1 为我国能耗占比情况。不加节制的"敞口式"能源消费让我国能源资源紧张形势日益突出，表现在以下方面。

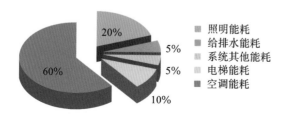

图 1-1　我国能耗占比情况

（1）能源资源约束日益趋紧。我国煤炭资源虽然丰富，但开采地质条件复杂，且富煤地区大多生态脆弱、水资源匮乏；我国东部地区主力油田相继进入开发中后期阶段，增储、增产潜力有限。非常规油气资源勘探开发刚刚起步，发展前景具有很大的不确定性，且其大规模的开发也受生态环境和水资源的约束。

（2）能源安全问题日趋突出。我国已然成为煤炭、石油、天然气和铀资源全品

① 任东明，国家发改委能源研究所可再生能源发展中心主任，《中国能源报》，2013 年 12 月 9 日。

种的净进口国，总体对外依存度超过 10%，其中石油对外依存度近 60%，天然气超过 30%。

(3) 生态环境日益恶化。高强度能源开发会造成严重的生态环境破坏。长期高强度的煤炭资源开采严重影响矿区及周边地区的土地资源、水资源和生态环境，雾霾问题更成为举国之痛。

(4) 温室气体减排压力空前严峻。据国际能源署测算，2010 年中国 CO_2 排放就已接近 75 亿吨，超过世界总量的 20%，人均排放超过 5 吨，高于世界平均水平。2000 年至 2010 年，我国 CO_2 排放增量超过全球增量的 60%。未来随着我国能源消费量，特别是非化石能源消费量的不断增加，温室气体的排放量还会继续增加[1]。

城市是我国能源消费革命的主要阵地。在社会总能耗中，建筑能耗约占三分之一，与工业、交通并列为我国三大重点能耗领域。建筑能耗有两种定义方法：广义上是指从建筑材料制造、建筑施工，一直到建筑使用的全过程能耗；狭义上即建筑的运行能耗，就是人们日常消耗，如采暖、空调、照明、炊事、洗衣等的能耗，这是建筑能耗中的主要部分。其中，建筑采暖、制冷能耗约占建筑能耗的 60%。随着经济收入的增长和生活质量的提高，建筑消费的重点将从物理硬件（装修和耐用的消费品）消费转向环境软件（功能和环境品质）消费，建筑的运行能耗（空调、通风、采暖、热水供应）将会迅速上升，我国每年有 160 亿平方米的新建房屋面积，建筑节能空间巨大，推进建筑节能对于能源消费革命具有重要意义。

三、区域供冷供热发展

集中供热的方式始于 1877 年美国芝加哥的区域锅炉房供热，至今已有 143 年的历史。为了提高区域供暖的潜力，在冬季供暖的基础上开始了夏季制冷的尝试。现代制冷技术源于 18 世纪中叶，1755 年，W.Cullen 发明了第一台采用减压水蒸发的制冷机，开创了人工制冷新纪元。同期，诞生了压缩式制冷机，采用 CO_2、SO_2、NH_3、CH_3Cl 作为制冷剂。1859 年，氨水吸收式制冷系统发明问世。

19 世纪末 20 世纪初，制冷技术及其应用快速发展，欧洲、美国等地先后建立行业

---

[1] 张有生，国家发展改革委能源研究所能源经济与发展战略研究中心主任，国家能源局官网《能源消费革命是必由之路》。

学术机构。1888 年，英国成立了英国冷库和冰协会；1891 年，美国成立了美国冷藏库协会；1900 年，法国成立了法国和殖民地冷藏工业理事会；1903 年和 1904 年，美国先后成立了美国制冷设备制造协会和美国制冷工程师协会。在此基础上，国际制冷学会（International Institute of Refrigeration，IIR）于 1908 年宣告成立，它是一个各国政府间的科技性国际组织，现在大约有 60 个会员国家，我国于 1978 年加入该学会成为二级会员国。

20 世纪以来，世界范围内的制冷技术有了更大的发展。1919 年，美国芝加哥兴建了第一座空调电影院，次年开始在教堂配备空调。1922 年，美国开利公司研制出世界上第一台离心式冷水机组。1930 年，氟利昂制冷工质的出现推动了制冷技术新的变革，极大地推动了压缩式制冷装置的应用，超过了氨制冷机的应用。1945 年，开利公司发明制造出了世界上第一台溴化锂吸收式制冷机。20 世纪 80 年代以后，新的制冷剂不断被发现，制冷技术应用更加广泛，制冷范围扩大，制冷机器设备种类和形式增多，新产品系列化，性能更完善，效率更高。与此同时，集中供冷项目向区域供冷发展。1961 年，美国最早的区域供冷商业化项目哈特福德区域供冷工程开始实施。

中国暖通和制冷技术较为滞后。1949 年前，由于经济落后，只有极少数商业、办公建筑引入中央空调，工程设计与安装由国外垄断。1924 年，我国第一个安装中央空调的商用建筑上海嘉道理爵士公馆（又称"大理石大厦"，现中国福利会少年宫）建成，该项目坐落于上海市延安西路 164 号，建筑面积为 3300 平方米，使用了美国约克公司氨立式 2 缸和 4 缸活塞式冷水机组。1936 年，我国第一座采用氟利昂制冷剂的中央空调系统影剧院——南京新都大剧院，安装了美国约克公司冷冻机。国内现代意义上的暖通空调自 1950 年开始萌芽，此后机械制冷技术从仿制到自主设计发展，逐步实现了规模化应用。国内暖通发展概况如表 1-1 所示。

表 1-1　国内暖通发展概况

时　　间	发 展 概 况
20 世纪 50 年代	哈尔滨工业大学设置卫生工程专业，包含采暖通风。空调机组仅在纺织厂应用，后逐渐进入公共建筑。同期，天津大学的一些学者已经开始从事热泵的研究工作

续表

时　　间	发 展 概 况
20 世纪 60 年代	蒸发冷却技术、热泵技术开始在暖通空调中应用。上海冰箱厂研制成功了我国第一台制热量为 3.72 kW 的热泵型窗式空调器；同年天津大学与天津冷气机厂研制成功国内第一台水源热泵空调机组
20 世纪 70 年代	空气—水空调系统常用的末端设备风机盘管机组的研制、生产及使用，取得了较好的效果
20 世纪 80 年代	国内第一套空气—水热泵空调系统投运，压缩机项目正式列为国家重点项目；我国第一台分体空调器海尔生产；国家压缩机制冷设备质量监督检验测试中心、国家空调设备质量监督检验测试中心等相继成立
20 世纪 90 年代	溴化锂吸收式空调、水源热泵机组开始大规模应用
2000—2020	空调行业快速规模化发展，集中制冷向区域供冷发展，冷暖分供向冷暖联供发展

　　区域供冷供热包括区域供冷、区域供热、区域冷热联供。基于热负荷相对稳定，需要连续供暖，冷负荷存在变化性，一般不需要连续供冷。同时，区域群体建筑物由于功能互补、业态复合，用户用能时间存在不同步性，导致冷量需求不均衡。正因为如此，区域供冷技术的应用显得更为重要。DHC 是源于美国政府为了管理公共建筑，如军队、学校、医院等所涉及的建筑空调而发展起来的，随后在欧洲、日本等地得到了大规模应用。国外暖通发展概况如表 1-2 所示。

表 1-2　国外暖通发展概况

国　　家	时　　间	发 展 概 况
美国	20 世纪 60 年代	20 世纪 40 年代提出区域供冷概念，1961 年美国最早的区域供冷商业化项目哈特福德区域供冷工程实施，20 世纪 70 年代双效吸收式制冷系统应用于纽约世贸中心，以及芝加哥等城市商业中心电压缩制冷

续表

国　　家	时　　间	发　展　概　况
日本	20 世纪 70 年代	日本经济处于高速发展时期，受两次石油危机的影响，在政府大力支持下，能源行业积极介入 DHC 的发展，热泵、蓄热、热电冷联供等技术得到发展，大阪世博会、东京星宿、晴海能源站等项目先后实施，技术日益成熟，发展较快
瑞典	20 世纪 90 年代	20 世纪 90 年代快速发展，斯德哥尔摩市内 9 个大系统供冷能力达到 324 MW，供冷面积达 700 万平方米，主要利用深层海水、湖水、地下水，技术较为领先
法国	20 世纪 60 年代	20 世纪 60 年代启用，欧洲主要发展 DHC 国家之一。其中，加拿大广场能源站项目位于地下室，2002 年调试完成，总制冷量达 52 MW，利用塞纳河水为冷源，系统能效比较高

　　以与中国气候、地理较为接近的日本为例。DHC 在日本兴起较晚但发展迅速，最早应用开始于 1970 年的大阪世博会，当时日本政府提出"日本列岛改造论"，试图解决都市人口密集、环境污染严重的问题，从改革上鼓励投资 DHC，并形成了公益型的都市热供给产业。但从 1973 年开始的石油危机使 DHC 建设价格高涨，需求减少，DHC 事业进入低迷期。在石油危机的刺激下，相继出现了利用蓄热、热泵和热电冷联供等新技术的 DHC 项目。1985 年以后，随着日本都市再开发的发展，日本的能源产业积极介入 DHC 开发，形成了新的热潮。期间的代表项目是东京新宿新都心区域供冷项目，服务面积达到 200 万平方米，总制冷量达 59000 冷吨。

　　日本政府的支持对 DHC 的推广起到了积极作用。比如 20 世纪 90 年代日本颁布的《东京都地域冷暖房实施指导标准》，该标准规定：建筑面积在 5 万平方米以上的新建项目或改建项目，以及供热规模在 21 GJ/h 以上的事业开发者，需要对是否需要配备区域供冷供热设施进行研究。开发商必须提交高效利用能源规划，包括新建筑的节能目标，学习关于利用未使用的能源、可再生能源以及区域供热的介绍，要尽最大努力减少对环境的压力并有效利用各种能源，尤其是对未利用能源和可再生能源的利用，以获得建筑许可。而在建筑面积超过 1 万平方米或者住宅区超过 2 万平方米时，开发商需要提交报告，证明其对区域能源的应用进行了经济和技术评估，美国西雅图市和加拿大温哥华市也采取了类似的措施。日本政府帮助具备可行性的项目立案，并确保设备用地和优先提供低息贷款及减税优惠，并提供技术指导、补助、土地使用等，从各个方面支持 DHC 技术的应用。

近年来，结合可再生能源的热泵、能源塔以及与之结合的冰蓄冷、水蓄冷等技术的兴起，DHC 技术无论是在工业生产、商业还是民用建筑领域都有广泛的应用。在日本，东京湾区域供冷系统通过与高效率热源机器、蓄热罐以及大供回水温差的结合，使得系统的 CO_2 排放量小于平均水平的 60%；加拿大使用热泵对木材进行干燥，同比将平均减少近 35% 的能耗；新加坡使用改进的空气源热泵干燥系统干燥后的水果，与使用传统干燥方法干燥的水果相比，诸多指标都得到了改进，某些指标甚至可以与冷冻干燥法干燥后的水果相媲美；美国能源部协同供热部门、制冷部门及发电厂联合开发先进的热驱动热泵系统，利用发电设备余热对建筑物进行供热、制冷，计划将推动热泵，尤其是综合利用发电厂废热的冷暖联供技术的发展，可大幅提高能源利用效率。

丹麦在 20 多年 GDP 翻了一番，但是能源消耗却几乎未增加。丹麦所有的火电厂都供热，所有的供热锅炉都发电，区域能源供能已经超过该国总发电量的 53%。

英国楼宇的热电联产（BCHP）在英国的酒店、医院、学校、商业以及公用建筑中得到了广泛应用。英国已经有分布式能源系统 1000 多座。仅曼彻斯特机场采用区域能源系统解决方案后，每年就可减少排放 CO_2 50000 吨，SO_2 1000 吨，经济效益和环保效益都十分显著。

我国的 DHC 起步较晚。1949 年后，以秦岭—淮河为南北分界线，北方地区开始发展集中供热。20 世纪 90 年代以来，社会经济快速发展，空调行业技术进步，分散供冷向集中供冷，再向区域供冷发展已形成一个趋势，特别是在我国长江以南地区，已经出现几十万平方米甚至上百万平方米的区域供冷项目。近 20 年来，由于节能减排形势的紧迫，原来的冷热分供发展为冷热联供，结合可再生能源利用的热泵、储能，以及冷热电三联供等技术的应用，DHC 在国内兴起并快速发展，能源开始向着区域性、综合性、集成性利用方向发展。

总之，DHC 是在工业革命与能源革命相互赋能的背景下兴起并发展起来的，是融合技术、经济、需求、政策等因素综合作用的历史结果和必然。

第二节　DHC 的定位

一、区域能源概念

区域能源中的区域包括行政划分的城市和城区，可以是一个居住小区或一个建筑群，还可以是特指的开发区、园区等。它包括自然区域、行政区域（市、县、镇、村、街区、社区）、人为区域（经济开发区、产业园区、居住区、商业区、生态区、低碳区、智慧区、绿色建筑区）。

能源则包括一次能源（化石能源、矿物能源、核能）、可再生能源（太阳能、风能、地热能）、二次能源（电能、光能、蒸汽、热水、冷水）、高品位能源（可多次转换的能源，温度高的能源）、低品位能源（只能转换一次或不能转换的能源，低温的能源）、余热能源（被利用了一次或用剩下的能源）、废热能源（被排放掉的能源）等。

区域能源系统可以是锅炉房供热系统、冷水机组供冷系统、热电厂系统、冷热电联供系统、热泵供能系统、太阳能供能系统、风电系统等。所用的能源还可以是煤炭、石油、天然气、可再生能源（如太阳能、水能、风能）、生物质能等。

目前，国内对区域能源的概念认识没有完全达成共识。中国建筑节能协会区域能源专业委员会在《中国区域能源可持续发展建议书》中这样描述，"区域供暖、区域供冷、区域供电以及解决某地域范围内能源需求的能源系统及综合集成系统称为区域能源"，基本可以理解为冷、热、电的供应。国际区域能源协会提出，"区域能源系统是通过某地域能源网络向综合建筑物提供热水、蒸汽（区域供热）、冷水（区域供冷）、电（通常称微网）或者是能源综合供应"。联合国环境署（UNEP）在 2018 年 G20 峰会提出，"区域能源是指根据地区能源结构，优化配置化石能源、新能源及可再生能源的使用，结合余热利用、热泵、储能等先进技术，为地区提供冷、热、电产品，提高区域能源利用效率，实现节能减排"。

尽管对区域能源的概念表述存在差异，但对区域能源的目标认识存在共性——区域范围能源综合利用以及提高能源利用效率，实现节能减排（图 1-2）。

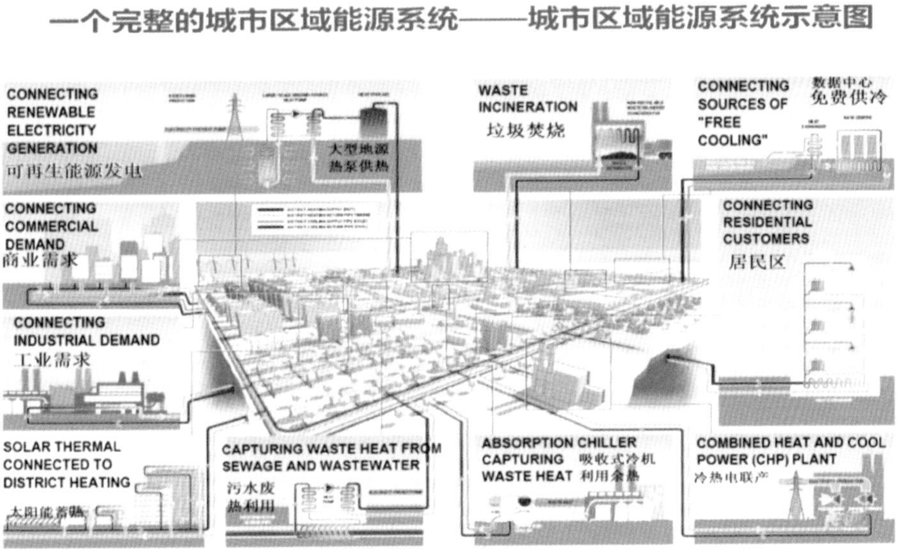

一个完整的城市区域能源系统——城市区域能源系统示意图

图 1-2　城市区域能源系统示意图
（图片来源于联合国环境规划署，由中国建筑节能协会区域能源专业委员会翻译）

　　区域能源是综合能源科学配置的系统解决思路。区域能源旨在发展冷、热、生活热水和电力的生产和供应之间的协同作用。城市正在采用区域能源系统来实现重要功用，包括保障能源供应、减少对能源进口和化石燃料的依赖、社区经济发展和社区对能源供应的控制、当地空气质量改善、减少 CO_2 排放量、增加可再生能源在能源结构中的占比等。

　　区域能源具有广泛的包容性。它包括交通运输、工业、农业、建筑等领域的用能，涉及生产关系和上层建筑，表现形式包括区域供冷、区域供热、区域供冷供热、热电联产、冷电联产、冷热电多联供等。区域能源是从需求侧提出、与传统能源相区别的系统性解决方案，将各类不同用途的能源进行量化，从而匹配周围最适合的能源需求，以减少能源浪费、提高能效。

二、DHC 的定位

　　区域供冷供热（DHC）是指对一定区域内的建筑群，由区域供冷供热中心集中制取冷媒或热媒，通过管道输送系统输配到各单体建筑，实现用户制冷或制热需求的系统（图1-3）。

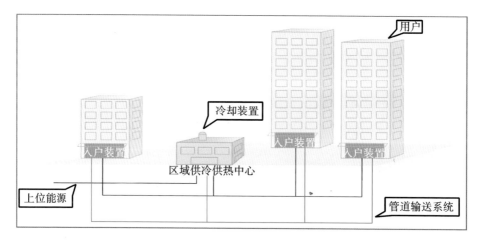

图 1-3　DHC 系统构成

从系统构成看，DHC 通过能源站设备转换为满足要求的冷热媒介，输送到空调建筑机房内，换热给建筑物内循环空调冷冻（热）水，保证末端空调使用。DHC 通常包括四个基本组成部分：能源站、输配管网、用户端接口和末端设备。其中能源站为集中生产冷热媒介的场所。能源站安装有制冷和制热的设备、相关的仪表和控制装置，并通过管网与用户连接。这些设备根据系统设计，可以是锅炉、热电联产设备、电动制冷机组、热力制冷机组、热泵和蓄热（冷）装置等的不同组合。DHC 系统的输入能源可以来自热电厂、区域锅炉房、工业余热以及各种天然热源。输配管网是由热源向用户输送和分配冷热介质的管道系统（个别地域由于高程的影响，管网中含中继泵站）。用户端接口是指管网在进入用户建筑物时的转换设备，包括热交换器、蒸汽疏水装置和水泵等。末端设备是指安装在用户建筑物内的冷热交换装置，包括风机盘管、散热器、空调机组等。

DHC 是区域能源在建筑节能领域的主要应用形式之一，着眼于从系统性和全生命周期解决建筑冷、热及生活热水需求，是提高能源利用效率，实现节能减排的有效途径，其概念包含以下几个方面内涵。

（1）系统集成性。从应用规模看，空调发展大体包括三个阶段：第一阶段为分散户用空调，如窗机、分体机；第二阶段为以楼栋为单位的独立中央空调；第三阶段为区域空调，主要针对多栋楼宇、大规模用户、多业态群体建筑，采用高效、节能的大型空调设备。DHC 将分散 VRV 或者中央空调机房压缩机集成到少数几台大型设备，大幅减少设备台数，根据实际负荷变化选择设备运行策略。从规模经济和节能成效而言，中央空调比户式空调规模大而集中，且节能、舒适，而区域空调规模更大、更集中、更节能。

（2）使用集约性。针对分散 VRV 或者中央空调主要消耗电力资源，DHC 可以系统规划区域内可利用能源，因地制宜地进行各种能源的合理搭配，根据能源条件选择最合适的空调工艺。根据冷热源系统区别，常见形式包括天然气热电冷联产、区域供热加吸收式制冷、天然气直燃型吸收式制冷机、电力驱动制冷（离心式制冷、吸收式制冷）、蓄能系统、结合可再生能源利用的热泵系统等模块一种或者多种的有机组合。

（3）供需动态性。区域管网将分散的楼栋、用户与能源站连接成完整的有机整体，基于项目空间动态空置以及客户用能的负荷需求动态变化的特征，合理降低同时使用系数，大幅度降低空调设备的备用余量，节省系统初投资。反之，DHC 系统运行要求对不同功能定位、不同业态的群体建筑项目招商运营规律要有针对性地进行大数据分析、研究和支撑。

（4）运营智慧性。基于系统的规模性和集成性，如何优化动态水力平衡、设备运行的健康诊断，以及针对动态负荷下的运行策略等，需要运用信息化、数据化手段构建运营维护管理平台，进行节能自动控制，在多用户、多业态间实现空调运营负荷与实际需求负荷的实时智能匹配调度，真正做到按需供能，降低空调能源消耗，减少浪费。

（5）运营维护管理集约性。相对于分散用能方式，DHC 因为集中运营维护管理，借助智慧管理云平台，可以减少运营维护人员配置，以降低人力成本。以武汉光谷金融港 2 号能源站为例，2 号站服务 29 栋建筑，目前实际运营人员有 12 人。其中，站长 1 人，运管 6 人，装备管理 3 人（机房内维护保养，不含末端维护保养），客户服务 2 人（含用能接入、收费管理）。如果采用独栋中央空调机房方案，需要配套建设 29 个机房，每个机房按照 2 人进行配置，运营人员一共需要 58 人，按照每人年平均工资 7 万元折算，每年节约人工费用 300 余万元。

作为降低能源消耗、平衡城市综合能源的优化解决方案，DHC 的宗旨和目标在于通过商业化方式追求节能增效，实现多方共赢、效益共享，进而实现可持续经营。DHC 项目商业化运作必须综合考虑技术、市场、政策等综合因素，从以下3方面防范投资风险。

①观念认知和消费习惯。需要综合考虑固有的传统用能消费观念及项目服务模式被客户认可和接纳的程度。

②需要有一批专业化、有经验的运营团队。

③一个30万～50万平方米的项目投资少则几千万元，多则过亿元，若经营管理不善，亏损风险较大。

DHC是技术、商务、经营等协同可持续发展的有机融合。DHC着眼于创新、挖潜、融合、贯通、统筹优化能源供应，将分散的资源环节整合在一个有机系统内，提高一次能源、二次能源转化过程中的效率，在系统中尽可能利用可再生能源，根本目的在于提高能源利用效率，减少污染排放。更重要的是，DHC不应只关心技术路线，还须从产业投资和市场可持续经营的角度追求节能增效目标的实现。

DHC是在传统的单体建筑中央空调系统的基础上经量变到质变发展而成的，它除留有某些单体建筑中央空调系统的特点外，更重要的是具有与单体建筑中央空调系统本质不同的特性，即区域群体化特性和市场化特性。DHC的节能环保意义体现在：一是节省投资、减少资源消耗，本身可以起到改善大气环境、降低雾霾产生概率的间接作用；二是把可能产生大气污染的设备和系统集中到区域能源站，便于集中监控和治理。例如，分散式的窗机或分体机产生的制冷剂泄漏，对大气造成污染，尚无防治良策。而区域空调通过空调管网送到千家万户的空调要么是水，要么是空气，制冷剂的使用只限于几台大型制冷设备，均装配有制冷剂泄漏报警装置，科学防范制冷剂泄漏。

总之，DHC不只是技术问题，还是基于经营原则下的系列新问题、新要求的综合，其理想目标在于提高能源利用效率，促进多方共赢，进而实现可持续经营。

Chapter

DHC 的实践与困惑

THE PRACTICE AND
CONFUSION OF DHC

　　自 1877 年区域供热方式出现，到 20 世纪 60 年代美国哈特福德的首次区域供冷商业化项目，在发展至今的一百余年时间里，DHC 在欧洲的法国、瑞典，以及亚洲的日本、新加坡等国家全面发展，并在全球越来越多的城市得到推广。DHC 在中国起步较晚，但市场化应用已经为中国城市的绿色、低碳、节能、智慧转型发展贡献了一种新的解决方案。先行、先试的项目实践从技术集成角度，为区域、系统、整体、综合节能提供了新的解决思路和技术视角。不可否认的是，集约能源利用的节能思路在从源头实现能效提升、节能减排和生态治理的同时，缺少了市场化的经营原则指导，多能互补的节能技术路线缺少生产运营动态的负荷需求匹配，往往导致项目预期目标与经营现实存在较大差距，项目实施的经济性不好，商业经营的可持续不理想。

第一节 国际百年实践借鉴

区域供冷供热包括区域供热、区域供冷以及区域冷热联供。

一、区域供热

区域供热伴随着第二次工业革命的发生，在 19 世纪 80 年代开始采用，此后逐步推广。在欧洲，区域供热满足了约 12% 的供热需求，在俄罗斯，区域供热满足了 50% 建筑用热。通过利用不同类型的热源，主要是废热和可再生热源，在第二次、第三次工业革命的发展和能源革命的推动下，区域供热一百余年来经历了多个阶段[①]。

（1）第一代区域供热（1880—1930 年），以蒸汽为主要热源，通过混凝土结构蒸汽管网输送热源，主要热源形式包括储热、燃煤和燃油热电联产、垃圾供热等。

（2）第二代区域供热（1930—1980 年），为就地建造模式，以热水增压系统、大型采暖装备使用以及大型发电厂的投产为标志，热源形式更丰富、多样化，包括大规模太阳能、生物质能、生物质热电联产、工业余热、储热、垃圾焚烧、燃煤和燃油热电联产、垃圾、天然气、燃油锅炉等。

（3）第三代区域供热（1980—2020 年），为预加工模式，以预绝缘管、工业紧凑型变电站、测量和监测技术发展为主要标志，能源形式上表现为积极性储热，大规模太阳能，地热，光伏、潮汐、风力发电余量，储热，工业余热，垃圾焚烧，热电联产等。

（4）第四代区域供能系统（2020—2050 年），基于能源需求、智慧能源以及双向区域供热，以结合未来新能源技术、生物质能转换技术、双向区域供热、生物质热电联产、集中区域供冷、集中式热泵以及节能建筑发展为应用特征。

区域供热的主要形式包括地热、垃圾焚烧区域供热厂、区域供热锅炉、余热回收、热电联产、热泵、太阳能等。第四代区域供热系统结合未来新能源技术发展应用的改进，将运用低温运行技术，有效降低热损失，利用多种形式热源，结合蓄热、智慧能源系统，进一步提高能源利用效率。

---

① 联合国环境规划署，《城市区域能源》。

二、区域供冷

区域供冷起步较晚，是在区域供热的基础上发展起来的，至今不过 60 年历史，世界上首个商业化区域供冷项目在美国哈特福德应用，当时采用的单效吸收式制冷方式能效较低，热力系数为 0.6 ～ 0.7，节能效果不佳，制约了区域供冷行业的应用。20 世纪 70 年代，双效吸收式制冷主机的研发推动了吸收式制冷技术的发展。在这一时期，两次石油危机引发了工业发达国家的危机。并且 1977 年，美国纽约大停电事故对社会经济、生活等造成严重影响。因而发达国家开始重视能源，注重能源综合利用和能源效率提升，区域供冷开始得到应用推广，包括纽约世贸中心、芝加哥商业中心项目，并陆续在法国、德国、日本等国家推广。

三、区域冷热联供

区域能源网络基本上满足了城市的供热、供冷需求。如挪威、瑞典和丹麦较为普遍地采用海水、湖水、地下水、工业废水和城市污水作为热泵的热源，瑞典甚至有上百个大型热泵站[①]。

图 2-1 世界供冷供热的发展

① 孙培勇、王砚、由玉文、郭春梅，《区域供热供冷系统的现状与发展》，2012，《煤气与热力》。

DHC 基本上满足了城市供冷供热的大部分需求。如图 2-1 所示，在几个欧洲城市，几乎所有需要的供暖和制冷都是通过地区冷热网提供的。美国拥有全球最高的区域制冷能力，功率达 16 kMW，其次是阿联酋（10 kMW）和日本（4000 MW）。2009 年至 2011 年，韩国区域降温增加了两倍多。

即使如此，现代区域能源系统的全部潜力仍未得到充分利用。网络需要维修或更换、燃煤锅炉需要进行现代化改造、城市空调制冷的需求给电力系统带来巨大压力，特别是在需求高峰时期，制冷成为造成某些城市定期停电的主要原因等。为了解决这些问题和差距，目前许多国家和地区，包括欧盟、美国、中国和日本都设定了目标和规定，以挖掘现代区域能源的潜力。

近年来，DHC 与多种技术的联合应用是一个趋势，比如热电冷三联供、热泵技术、能源塔技术以及与之相结合的冰蓄冷、水蓄冷、大温差小流量等组合技术兴起，无论是在工业生产、商业还是民用建筑领域都有广泛应用。在日本，东京湾区域供冷通过与高效率热源机器、蓄热罐以及大供回水温差的结合，使系统的 CO_2 排放量小于平均水平的 60%；美国能源部协同供热、制冷部门及发电厂联合开发先进的热驱动热泵系统，利用发电设备余热进行供热与制冷。

第二节　近 20 年的国内项目实践

一、DHC 在国内的应用实践

中国区域能源的发展始于 1949 年后，北方地区最先以区域供热为主。改革开放后，随着居民消费需求升级和暖通技术的发展，供冷行业快速市场化。近年来，由于热泵技术的应用，冷热电三联供的应用，逐步实现了品位对应、温度对口、梯级利用，区域能源的使用更加科学合理，向着综合、集成方向发展。

从近 20 年的应用实践看，DHC 在国内发展较快、数量较多、分布较广。据中国建筑节能协会区域能源专业委员会近 20 年的数据积累和《中国区域能源大数据暨应用云平台》的区域能源项目库统计，已投运实施以及正在实施的 DHC 项目超过 600 个，代表性的案例包括上海虹桥商务核心区区域供能项目、广州珠江新城区域集中供冷项目（一

期）、苏州独墅湖科教创新区集中供热供冷项目、上海虹桥机场西区能源中心项目、重
庆江北城 CBD 区域江水源热泵集中供冷供热项目、北京中关村广场区域供冷项目、天
津文化中心集中能源站项目等，南京、珠海、深圳、武汉、合肥等地项目也比较多。这
些项目主要分布在华北、华中、华南、华东、西南等地，在重庆、武汉、合肥、上海等
长江流域城市相对集中。

案例 1：上海虹桥商务核心区区域供能项目（图 2-2）。

项目概述：能源系统整体规划为"八站两网"，供冷项目一期的装机容量为 4 万冷吨，
为一期约 205 万平方米的建筑集中供冷供热，服务业态包括办公、商业、会展，以及公
共设施。

建设投运：2013 年 5 月完成调试，目前已投入运行。

投资主体：上海虹桥商务区新能源投资发展有限公司。

收费方式：初装费（向开发商一次性收取 200 元 / 平方米）+ 基本费（按月向用户
收取合同规定用能负荷的 30%）+ 使用费（阶梯价分段收费的模式）。

技术方案：内燃机 + 燃气补燃 + 吸收式制冷 + 水蓄能 + 换热采暖。

图 2-2　上海虹桥商务核心区

案例 2：广州珠江新城区域集中供冷项目（一期）（图 2-3）。

项目概述：分两期建设，一期建设一个供冷能力为 3 万冷吨的大型集中供冷中心冷站，二期建设同样供冷能力的冷站，冷站辐射范围是周边 1.5 km 以内，业态包括海心沙、东塔、西塔、广州大剧院等。

运营时间：从 2011 年运营至今实现了无间断供冷。

投资主体：广州珠江新城能源发展有限公司（由广州新中轴建设有限公司和港资公司合资组建）。

收费方式：仅收取使用费（实际流量使用量 × 单价，单价上限是 2.4 元 / 冷吨，0.8001 元 / 千瓦时）。

技术方案：采用全蓄冰的方式进行核心区域的供冷，利用凌晨至早 8 点约 0.3 元 / 千瓦时的低谷电价采用电压缩工艺进行制冰蓄冷。

图 2-3 广州珠江新城区域

案例 3：苏州独墅湖科教创新区集中供热供冷项目（图 2-4）。

项目概述：项目设计总装机容量规模为 3 万冷吨，分三期进行，业态包括数据中心、教育发展大厦、酒店、地产大厦等商业办公，服务范围为月亮湾及周边区域，一期服务面积为 37.5 万平方米，三期合计服务面积为 120 万平方米，是国内最大的溴化锂吸收式制冷项目。

运营时间：2009 年 9 月开工，2010 年 12 月建成试运行，目前已正式投入运行。

投资主体：中新苏州工业园远大能源服务有限公司。

收费方式：初装费（按用户申报的用冷负荷一次性收取初装费，合计 6650 万元）+ 基本费（按月向用户收取合同规定用能负荷的 15%）+ 使用费（超出基本费流量的部分向物业公司按月收取使用费，冷量价格为 0.583 元 / 千瓦时）。

技术方案：锅炉燃烧产生蒸汽，进入蒸汽轮机发电上网，同时采用溴化锂吸收式制冷模式制冷，直接采用蒸汽供热。

图 2-4　苏州独墅湖科教创新区

案例 4：上海虹桥机场西区能源中心项目（图 2-5）。

项目概述：能源中心共有 8 台约克离心式冷水机组，采用了离心式冷水机组加蓄冷水罐的联合供冷方式，单台制冷量为 1900 冷吨，服务虹桥机场西航站楼，航站楼北侧预留指廊和南北两酒店，建筑面积约 38 万平方米，规划预留服务面积为 8.5 万平方米。

运营时间：2008 年 6 月开工，2010 年 3 月正式投入使用，目前基本是满负荷运营。

投资主体：虹桥机场集团（能源保障部）负责投资、建设、使用。

技术方案：电压缩离心式制冷机组 + 水蓄冷。

图 2-5　上海虹桥机场西区

案例 5：重庆江北城 CBD 区域江水源热泵集中供冷供热项目（图 2-6）。

项目概述：总投资 14 亿元，设置 1、2 号能源站，分三期建设。为江北城 A 区和 B 区共计约 400 万平方米的公共建筑提供空调冷热源，业态包括重庆大剧院、财信广场、金融城 2 号、东方国际广场、中央广场配套物业、重庆国金中心等，目前是国内在建规模最大的江水源热泵区域能源系统。

运营时间：2 号能源站于 2009 年 10 月建成投用，1 号能源站于 2016 年完工。

图 2-6   重庆江北城 CBD

投资主体：重庆市江北嘴水源空调有限公司，重庆市江北嘴中央商务区投资集团有限公司全资子公司。

收费方式：初装费（向开发商一次性收取 127 元 / 平方米）+ 使用费（按用户的使用量向物业公司按月收取使用费，冷量价格为 0.53 元 / 千瓦时）。

技术方案：夏季采用电制冷 + 江水源热泵 + 冰蓄冷的形式，冬季采用江水源热泵形式。

案例 6：北京中关村广场区域供冷项目（图 2-7）。

项目概述：项目位于北京中关村广场地下二层，占地 2800 平方米，高峰供冷能力为 1.2 万吨，服务范围为中关村广场区域，服务面积为 50 万平方米。项目原为北科建集团为内部服务而启动，后因所在区域开发出售完毕而向市场化转型。

图 2-7　北京中关村广场

运营时间：2002 年开工，2005 年 5 月正式投入运营，目前运营负荷达到 80% 以上。

投资主体：北京科技园建设（集团）股份有限公司。

收费方式：基本费（向每个用户协商确定）+ 冷量使用费（按超出基本费冷量的部分向物业公司按月收取使用费。冷量价格为 0.7 元 / 千瓦时）。

技术方案：电压缩 + 冰蓄冷的模式，在用冷低谷期采用全冰蓄冷供冷的模式；冷站采用分量蓄存模式，在夏季日负荷高于夜间蓄冷量时，白天由蓄冷装置和制冷机联合供冷，进入过渡季，负荷下降时可采用全蓄存模式。

案例 7：天津文化中心集中能源站项目（图 2-8）。

项目概述：总投资 3.9 亿元，共分南区、北区、西区三个能源站，服务包括博物馆、美术馆、图书馆、大剧院及原博物馆、青少年活动中心 B 座、科技馆、银河购物、地铁及越秀路以西地下商业等城市公共设施，总面积为 81.89 万平方米。

运营时间：2011 年 3 月开工建设，2012 年 5 月 6 日投入运行。

图 2-8　天津文化中心

投资主体：天津佳源创新能源科技有限公司，天津创业环保集团下属控股子公司。

收费方式：按使用量与建筑面积收费，首两年为集中供热 36 元 / 平方米或 45 元 /
吉焦，供冷 65 元 / 平方米或 94 元 / 吉焦。第三年起改为预存收费模式，集中供热为 36
元（建筑面积 50%）× 用户 45 元 × 实际（使用量的 50%），集中供冷为 65 元（建
筑面积 50%）× 用户 94 元 × 实际（使用量的 50%）。

技术方案：电制冷 + 冰蓄冷 + 水（地）源热泵。

二、国内 DHC 项目实践特征

DHC 作为一种新的节能解决方案，尝试从技术应用角度为建筑节能提供新的解决思
路，其在国内的实践呈现出市场自发性。

（1）投资方以大型国企为主。由于投资大、风险高，以及公共服务的产品属性，
DHC 项目的投资建设主体多数为大型国企，比如北京中关村区域供冷项目投资背景为北

京科技园建设（集团）股份有限公司、重庆江北 CBD 江水源热项目投资背景为重庆市江北嘴中央商务区投资集团有限公司、天津文化中心集中能源站项目投资主体为天津佳源创新能源科技有限公司，股东背景为天津创业环保集团股份有限公司等。DHC 的产业链涉及设计单位、建设单位、设备厂商等，广阔的市场前景被看好，除了传统的有地产开发背景的投资主体外，一些设计院、设备厂商、能源公司通过 EPC、设备投资等方式参与项目的投资、建设、运营，投资方更加多元化。

（2）多种空调技术的组合应用。包括燃气分布式能源余热利用，以及常规电制冷，结合冰蓄冷、水蓄冷等形式的广州大学城、珠江新城、深圳前海等；利用江水、湖水、城市污水等地源热泵形式的重庆江北城 CBD、天津文化中心、南京鼓楼国际外包服务产业园等；以及基于热电冷三联供技术的苏州独墅湖科教区集中供冷供热项目，通过蒸汽方式集中供热，采用溴化锂吸收式制冷提供集中供冷服务。

（3）多种投运模式试验。政府主导推动，或者与市场化实施相结合，如国家网络安全与人才创新基地采取 PPP+ 委托运营模式实施；郑东新区龙湖金融中心区域供冷供热采用 BOT 运作方式，以社会资本作为项目投资人，负责项目的投融资、建设、运营维护及期满移交。

经过近 20 年的市场化应用，DHC 行业从兴起走向规模化推广，积累了大量的应用实施案例，验证了 DHC 服务模式的技术可行性，区域、综合、集约的能源消费观念逐步得到市场的认可，为城市建筑节能减排和能源消费革命提供了一个新的解决思路。

第三节　主要困惑和问题

相对于常规分散式用能，DHC 基于能源集约、集成、高效利用，对于激发城市能源利用效率和可再生能源利用潜力具有积极意义。但是，DHC 的项目实践暴露了项目实施的经济性导向弱化现象，其中有行业规范、政策法规的缺失原因，有设计、建设、运营三权分离的现实方式因素，有 DHC 个性化特征、系统集成的技术特征，以及固有的消费文化观念等诸多因素的影响，最终体现为节能增效的技术目标与持续经营的商业目标不统一，项目的市场化应用呈现非理想的状态。

目前建成的一些项目在投资、能耗等方面暴露了不足,存在"三个不多""三种状态"。所谓"三个不多",是指实现节能减排目标的不多、实现经济效益和投资回报的不多、实现多能集成的不多;所谓"三种状态",是指经济效益和能源效率俱佳、经济效益好但能源效率低下、经济效益与能源效率俱差。导致上述现象的一个重要原因在于项目的规划设计、投资建设缺少可持续经营原则的统筹。

(1)面对动辄几十万平方米的建筑体量,没有适用的设计规范和能耗计算标准,也没有运行大数据的统计和解析支持,设计值与实际使用值往往产生较大的偏差。尤其是项目负荷模拟计算主要参照传统的建筑用能负荷特征,前期负荷设计与投产后动态负荷需求的匹配性不佳,这里面既有建筑项目空间运营动态空置率的现实情况,也有大规模、多业态、多用户负荷需求的动态性变化差异影响。

(2)从产业链看,规划、设计、投资、建设、运营各环节长期处在相互分离、割裂状态,规划设计、投资建设、生产运营三个阶段的项目定位、阶段目标及价值不统一,设计单位主要基于静态的负荷需求模拟计算,更多的是对开发商负责。建设单位则是基于施工图纸按图施工,控制工程质量、进度、成本与安全。运营单位更多的是被动式接受既成系统,未参与前期设计、建设,只能通过加强生产运营管理,更好地满足"动态负荷需求"。

(3)近年投产的 DHC 项目完全市场化程度低,大多数运营困难,投、建、用矛盾体现了商业化持续经营思想的缺失,在没有深刻认识和全面理解新技术手段的适用性前提下,强调实践"好的节能技术"而没有收到好的经营结果,造成项目可持续发展困难。

(4)网络、信息技术的进步催生了智慧能源管理的概念,项目在自动控制以及能耗管理系统方面进行了尝试,对能源站运行情况进行监控和管理。运营人员的现场操作与对自控系统辅助决策结合性不够,运行管理存在监而不控、控而不智等现象,结合大数据的 AI 自学习、自计算还存在较大的进步空间,辅助决策的智慧管理意义没有得到充分发挥。

DHC 的核心理念在于区域范围内的能源集成优化,对技术路线的选择和评断具有极大的包容性,不追求某一特定的节能技术形式应用,技术路线的选择必须坚持经营导向,从区域能源规划出发,因地制宜地进行上位能源资源评价,服从于项目定位、业态、规模以及需求特征。以分布式能源技术为例,利用发电余热制热、制冷,能源利用效率可以达到 70% 以上,具有损耗小、污染少、运行灵活、系统经济性好等优势和特点,但是也要看到技术与经济、市场及运营管理等方面结合的障碍，比如用户认知度、设备国产化、并网、气源以及价格等问题，忽视项目定位、业态、规模以及需求特征的市场应用，其结果不会理想。

以武汉创意天地产业园分布式能源项目为例。武汉创意天地产业园位于武汉市洪山区马湖村附近，占地面积近 20 万平方米，规划建筑面积为 31 万平方米，是国内新建规模最大、以创意产业为主要服务对象的主题园区。园区由创意工坊、办公楼、创意体验中心、美术馆、创意酒店等组成。项目由湖北华电创意天地新能源有限公司建设，采用楼宇型分布式能源站，分布式能源站位于武汉创意天地园区内地下室，租用武汉创意天地园区场地，冷却塔及进、排风口位于园区空地地面，烟气通过创意天地园区 11 层楼房烟道排放。其夏季及冬季的系统流程图如图 2-9 及图 2-10 所示。

本项目总投资为 2.3 亿元，发电量达 19160 kW，项目占地约 4400 m²，规划建设规模为 5 个 4 MW 级燃气内燃机组，配 5 台单机制冷量为 3.93 MW 的烟气热水型溴化锂机组，同时配置 3 台单机制冷量为 1.758 MW 的离心式冷水机组作为调峰设施。

武汉创意天地产业园分布式能源项目是国家发展和改革委员会第一批四个天然气分布式能源站示范项目之一，是当前规模最大的热、电、冷三联供示范项目，也是湖北省第一个分布式能源项目，项目规划建设目标较为理想，预测年发电量约 1 亿 kWh，年供热量约 13 万 GJ，年供冷量约 21 万 GJ，每年节约标准煤 2.18 万吨。

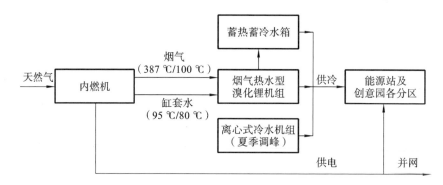

图 2-9　武汉创意天地产业园项目系统流程图（夏季）

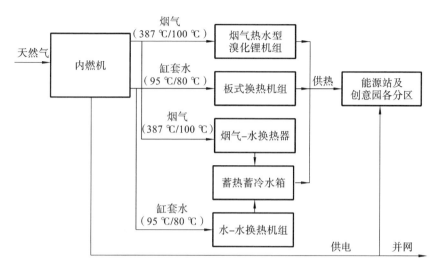

图 2-10　武汉创意天地产业园项目系统流程图（冬季）

分布式能源以资源、环境效益最大化确定技术方式和装机容量，根据终端的能源利用效率最优化确定投资规模。武汉创意天地产业园分布式能源项目 2015 年 6 月投运后至今，每年处于亏损状态，从商业经营上讲，是一个失败项目。

与之相反的是，由亚洲最大的跨国零售集团、世界 500 强企业——日本永旺株式会社投资建设的永旺梦乐城分布式能源项目运行得很好，基本达到设计要求，经营效益很好。

总结分析武汉创意天地产业园分布式能源项目，主要影响因素包括：①电力并网直接影响装机容量、电价，间接影响项目单位投资；②燃气及价格直接影响项目的经济性；③项目保底年运行小时数，这是除能源价格外最直接的影响因素；④项目业态、用户类型影响负荷的稳定性，以及冷、热承受能力；⑤机组的热、电、冷的匹配，以及机组设备配置；⑥设备投资，尤其进口设备的初投资和运行维护费用偏高。

DHC 的问题反思与本质梳理

DHC'S PROBLEM
REFLECTION AND ESSENCE
COMBING

　　DHC 是技术路线、商业模式、政策、规范、市场、需求等因素的综合，应全面认识其实践过程中所暴露的问题，从市场化应用的经营本质和经济属性要求出发，从优化节能技术、产品属性、市场需求、建设方式、政策法规等方面认识和理解 DHC。

第一节　DHC 实践中问题的产生原因

一、规划设计、投资建设和运营管理三权分离，缺乏全过程统筹

传统的中央空调项目往往按照规划设计、投资建设、运营管理三个阶段分别实施。开发商委托设计单位进行空调系统设计，通过招投标流程选择合适的工程公司负责项目施工，设备、材料采购及施工总包给施工单位，也有自行招标采购的，工程竣工验收后通常移交给物业公司运行管理。

上述传统做法对于小型自建、自用的中央空调系统或许比较适合，但应用于大型综合性建筑群 DHC 会导致一系列的问题，规划设计、投资建设与运营管理三权分离，各自为政，其中运营管理是最容易被忽略的环节，最容易对系统的节能增效目标产生影响。这里，以设计、施工、运营三个环节进行具体分析。

（1）规划设计环节。众所周知，设计是工程项目投资控制的源头。实际情况与设计规范契合度越高，投资控制就越接近合理；实际情况与设计规范契合度越低，投资控制偏差越大。已有的实践案例表明，大多数空调系统实际运行结果与设计规范都会存在不同程度的负荷偏差。

目前，中央空调系统项目设计一般由设计院严格按照国家暖通设计规范进行，并以安全性为首要原则，由于项目招商营运过程中的客户入住率、动态空置率缺少有效大数据支撑，实际运行负荷计算缺少标准依据，设计院设计负荷通常比实际用能总量多出20% 左右，大型 DHC 项目因业态丰富、功能多性、各业态互补，其实际运行负荷往往更低，系统装机容量下降，相应的配电投资减少，往往出现前端设计与后期运营脱节，导致系统初投资上的浪费。

（2）建设施工环节。施工阶段的主要目标是质量、进度、安全与成本控制。开发商既要保证工程质量和品质，又要控制建设成本，因而需要与工程承包商、设备商、材料供应商进行利益博弈，但现行的工程建设体系容易在质量控制与成本控制中顾此失彼，

让开发商"很受伤"。

实践中，一些项目的施工建设标准，如管道安装标准对于 DHC 后期运营并无益处，甚至为了压低成本，在材料选择上会有所出入，导致前期施工建设对后期运营工作造成阻碍。

（3）运营管理环节。一些开发商以房产快速去化为主要目标，对后期的运营不太关心，将空调系统的运行效果、使用成本以及维护管理"甩锅"给用户，一些关注项目长期持有及营运价值的开发商需要在建设与运营中间寻求合理平衡，严格控制工程建造、设备及材料成本，从而造成相应系统的运行性能降低和寿命变短，摊高了运营成本，反之亦然。系统设计具有不可逆转性，如开发商将一个运营成本偏高的空调系统移交给物业公司运营管理，其实际运行负荷与设计负荷偏离较大，特别是系统投用初期负荷偏离，导致能耗居高，出现经营亏损，物业公司会将亏损间接或直接转嫁给用户，引起用户不满和投诉，最终影响楼盘租售营运价值和服务质量，进而影响物业费用收取。

规划设计、施工建设、运行管理三权分离状态下，任一环节的主体首先要保证其价值主张和利益诉求，缺乏对系统全生命周期的经济性统筹，将直接影响项目的长期可持续经营。

二、缺乏行业标准和规范引导

区别于分散空调系统，DHC 覆盖规模更大，系统集成更高，在项目的规划设计、施工建设和运营管理过程中产生了一系列技术问题——DHC 项目的负荷计算缺少标准依据、动态空置率难以判断、因输配系统不利环路的变化而引发系统水力平衡难以控制、系统集成对设备的健康检查功能要求大幅提升、系统满足不同运行负荷下的运行策略对节能控制要求提高、DHC 系统有强烈的经营指标压力等。

从规模上看，DHC 是分散的小型系统由量变到质变的创新结果，如果按照现有的暖通设计规范，参照分散的中央空调设计标准来规划执行，缺少对因量变引发质变带来的系列变化的重视和研究，随之而来的是投资浪费、能耗过大、运营成本偏高等现实问题。

　　以水力平衡为例，针对一个 40 万平方米的区域群体建筑项目，各栋楼宇高低不一，与能源站机房距离远近不等，这时水力平衡问题就会随之而来。楼宇出现水力分配不均的现象：距离能源站较远的楼宇可能水力不足，较高楼宇可能水压过低。因为长距离输配管路的最不利环路导致的水力失衡调节控制难度远超过单栋建筑。我们曾做过水力平衡专项试验，由于各楼栋的水力并不处于固定、静止状态，随时都在流动变化，在每一楼栋安排一名工作人员携带对讲机，通过人工手动调节水力平衡，持续一周后，水力平衡调节效果仍然不好。而单一楼栋水力失衡问题要小很多。

　　以运营为例，DHC 系统对装备的维护、保养要求更高，系统的生产运行、装备管理以及客户服务等依赖能源公司的运营体系管理和组织管理能力，一旦大型设备出现故障，受到影响的不仅仅是某一两家客户，而是一个片区的几十家甚至上百家的客户。大范围的停供故障易引发集体性公共事件，严重时会极大影响投资运营商的信誉度，阻碍 DHC 的行业发展。

　　国内不少专家学者结合 DHC 项目的属性、需求和负荷，以及技术应用等方面，积极进行了 DHC 设计规范的探索研究。如中国城镇供热协会主导、华南理工大学建筑设计研究院主编的制冷行业的团体标准《区域供冷系统工程设计规范》目前正在进行标准草案讨论；中国工程建设标准化协会组织编制的《区域供冷供热系统应用技术规程》，从负荷预测、供需匹配、系统经济效益评价、系统容量配置、多能源系统设计、运行优化方法和指标等方面进行规范研究和探索尝试。

三、缺乏技术与经营统筹

　　DHC 技术的范围广泛，广义上包括上位能源的选择、区域经济与项目属性分析、全生命周期的运营模式、合理的投资规模、具有市场竞争力的定价及收费标准。狭义上的技术主要是集成技术、控制技术、运营技术，包括能源组合形式、主机设备、冷却系统、冷冻水系统、末端系统和连接方式、计量系统以及智能控制系统等。

　　本书提及的 DHC 技术主要指狭义的技术，泛指制冷、制热技术，以及不同技术的集成优化，包括电制冷，吸收式制冷，基于土壤源、江水源等可再生能源的热泵技术，蓄能技术以及余热利用等。涉及的能源形式包括电力，燃气，热水、蒸汽（区域供热），冷水（区域供冷）。涉及的系统形式包括锅炉房供热、冷水机组供冷、热电厂、冷热电联产、热泵供能、太阳能利用、风力发电及生物质能系统等。

大多数 DHC 项目重技术轻模式、重投资轻运营，对技术的节能应用探讨过多，不注重从经营层面出发，探讨技术的集成应用，导致目标投资建设与运营的结果出现偏差，长期不能盈利及产生亏损将影响项目的可持续经营，对整个行业的规模化发展产生影响。

解决建筑冷、热需求的技术途径和方法有很多。大型 DHC 系统基本都肩负着经营的职能，应关注如何平衡项目相关方的利益平衡，确定项目技术路线的原则，项目所在地的能源禀赋与技术路线是否一致。

从经营的角度评价一个成功的 DHC 项目必须具备以下几个要素。

（1）降低系统初投资。从财务角度看，过高的系统初投资影响项目的固定资产摊销折旧，对项目的经营收益和投资回收产生负面影响。

（2）有助于节能减排。DHC 旨在解决城市冷、热及电的协同，提高能源利用效率，降低建筑能源消耗水平是 DHC 的应用目的。

（3）降低运营维护成本。DHC 不能只考虑系统初投资，还应从全生命周期的经济性考虑运营维护，包括能耗成本、人工成本、维护及保养等综合运营成本，至少不应高于市场同类建筑的平均用能价格。

缺少经营思想指导的技术探讨与应用如同无源之水，最终必然与低投资、高能效的预期目标背道而驰。

第二节　思维创新和市场化是 DHC 的经营之本

一、DHC 从系统角度而言是对传统用能的创新和颠覆，在实践层面是创新思维与传统思维的碰撞与博弈

传统中央空调从建筑能源的静态负荷需求出发，以开发商为中心串联设计院、施工

方、运营单位，并指向终端用户，是典型地产开发的发散性机电工程思维。项目实施的关注点更多是在项目投资建设的目标控制，施工单位按照施工设计图纸施工，全生命周期的运营管理容易被忽视，项目竣工验收后移交物业公司运行，建设单位承担两年工程质量保证即责任期届满。

DHC 从建筑能源的动态负荷需求出发，以能源公司为平台并联开发商、用户，串联设计院、工程公司，是以用户为中心的、满足需求的聚集性服务思维。后端运营统筹前期设计、建设，能源公司在施工图纸设计及建设过程中，融入节能技术、运营经验，对系统全生命周期的经济性负责，对能源投资、建设、运营承担兜底责任。

DHC 不只是从单体到区域、从分散到集中的形式突破，而是从规模上量变到质变导致的内涵更新，更是消费理念的颠覆升级，是从供给侧到需求侧结合的能源服务产业化经营方式的转变。它不再局限于由传统的物业大包大管，是更精细化、专业化的社会分工，用户使用行为由粗放式的电力笼统消耗到用能计量收费，收费更公开、更透明、更合理，有利于倡导用户在行为上节能，形成用户的节能使用文化。

二、DHC 的商业化本质在于服务与共赢，实现可持续经营

（一）服务赋能与协同共赢是 DHC 商业化经营之本

有学者从构成要素角度解读商业模式，是"企业的盈利模式"，是"企业创造价值的独特逻辑路径"。本质上，商业模式是企业为了满足消费者需求，实现价值最大化而和利益相关者之间构建的一种模式，强调企业必须要考虑、照顾和其利益相关的各方利益，争取通过沟通、合作实现共赢。

DHC 涉及面广，在环节上包括规划、设计、建设、运营、维护等。如图 3-1 所示，参与主体涉及相关部委、地方政府、项目投建方、能源使用方、项目运营方，间接参与方还包括产业链上下游的咨询服务商、设备供应商、建设服务商、第三方机构等。立足多方共赢的项目规划定位是项目成败的关键，若单纯的技术先进不能实现共赢，就无法实现项目的可持续运营。

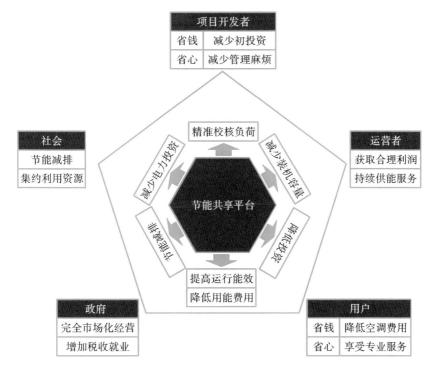

图 3-1 节能共享平台

1.DHC 与政府、社会及环境

政府的定位具有多样性，既是城市规划的建设和监管机构，也是社会新兴理念的倡导者，同时还是大体量的能源消费者、基础设施和服务的供应者。政府扮演的角色可能是项目的投资者、建设方，或者业主（用能方）。政府承担着公共服务、环境治理、社会责任等职能，在 DHC 的推广实施过程中具有不可代替的重要作用。

联合国环境规划署总结和梳理了全球 45 个城市的 DHC 案例，认为 DHC 可以充分激发能源效率和可再生能源潜力，实现了几项重要效益和政策目标：①减少温室气体排放，降低一次能源消耗 30%～50%；②减少化石能源的使用量，CO_2、氮氧化物（NO_x）和 SO_2 的排放量大幅下降，减少空气污染以及对健康的负面影响；③通过基础设施与供热和电力设施并网，以及利用低品位能源，提高新建或既有建筑物的能效；④通过经济规模效应和储热技术，更好地利用当地可再生能源；⑤提高电力能源的管理能力，减少城市断电风险和适应燃料价格冲击压力等；⑥通过系统设计施工、设备制造、操作运营维护等创造就业机会，实现绿色转型。

2.DHC 与项目开发商政府公共建筑、产业园区、商业综合体等公共建筑是 DHC 项目的主要用户。项目定位在很大程度上影响开发商的项目开发职能和开发目标。

项目开发和运营过程中的节省初投资、降低配电费用、集中维护管理、降低使用成本等价值共享是 DHC 能否顺利实施的关键。同时，创新意味着巨大的风险和挑战，开发商需要在顶层决策的基础上，打破内在的工程建设模式思维定式，整合既有的设计、建设、运营体系和流程。无论开发商自行投资建设，或者引入运营商负责投资建设，一旦不能实现既定目标，项目投运后的节能、增效效果不好，经营上的责任和压力最终会影响项目的价值判断。

3.DHC 与运营商

运营商主要指能源公司，区别于传统物业公司，DHC 一般有专业的能源服务公司从项目前期规划设计、施工建设开始介入到整个项目中。

能源公司联结开发商、用户，在 DHC 项目实施中起到主导作用，合理的经营收益保证是实现 DHC 长期可持续发展的前提。运营商与开发商具有利益一致相关性，项目整体入住率偏低会导致系统运行能耗偏大，影响项目的长期可持续经营，对招商营运产生负面影响。

4.DHC 与用户

大规模群体建筑用户存在业态多元化、消费需求差异化特征。用户作为 DHC 能源服务的终端受众，其能源消费主要体现为用能的安全、稳定、经济及便捷性的需求满足。

（二）市场化的可持续经营发展

DHC 具有准公共性，在一些发达国家，DHC 是自来水、市政燃气以外的第三大公共服务产业。市场化的 DHC 项目在满足开发商功能配套的基础上，以满足入驻用户的冷热需求为目标，服务于项目的招商营运价值。表 3-1 显示了传统中央空调机电安装工程与 DHC 能源服务的对比。

表 3-1 传统中央空调与 DHC 能源服务对比表

	传统中央空调机电安装工程	DHC 能源服务
统筹规划	三权分离，招标选择设计、施工单位，施工单位按图施工，竣工验收后移交物业或运管公司	三权合一，运营指导统筹设计、建设全过程
实施方式	按照图纸施工，工程完工后竣工验收交付使用	统筹规划设计，分期建设投运
价值目标	主要关注工程建设的质量、成本、进度控制	着眼于生命周期的经济性，关注系统初投资、运营成本、节能性
责任界限	工程质量责任竣工交付后 2 年	能源公司对全生命周期的运营兜底

　　DHC 是一种能源投资服务行为，意味着 DHC 项目必须走市场化发展之路，通过持续的节能技术和商业模式创新，满足客户用能需求来获取合理的能源投资收益。

　　实践证明，DHC 不能依赖于政府补贴，国家补贴政策一旦停止，企业将陷入困局，经营难以为继。另一方面，基于 DHC 投资大、风险高、收益低的特性，必要的政策支持对行业的快速健康发展具有积极意义。日本 20 世纪 70 年代以来正式先后通过立法，出台行业标准，优先提供低息贷款，以及税收优惠等措施，实现了 DHC 行业快速、规模化发展。

（三）全生命周期的节能服务模式

　　如表 3-2 所示，全生命周期的节能服务模式，将节能这一核心贯穿于项目规划设计、施工建设、运营管理全过程，符合可持续发展战略和生态原则，体现了整体性、全面性、系统性、综合性的节能思想，既注重前期投资、建设阶段的静态节能，又注重后期运营阶段的动态节能。

表 3-2　全生命周期的节能服务模式

节能模式	全生命周期的节能服务模式			
节能方式	静态节能		动态节能	
	设计节能	建设节能	运营节能	管理节能
节能路径	运营大数据指导，逆向设计+正向设计结合	按照图纸施工，融入专利技术、运营经验	人工智能云平台，指导运行策略优化	组织管理节能

　　全生命周期的节能服务模式包括功能适用性、技术先进性、环境协调性、经济合理性等四个方面的影响因素。

　　（1）功能适用性。功能适用性是 DHC 全生命周期节能服务模式的基础，按照暖通设计规范的要求，满足末端建筑用户的制冷、制热、生活热水等需求。功能适用性原则区分普遍性及个性化的能源消费需求，在大型系统的功能配套中，少数业主或用户的个性化需求宜通过其他途径、方式解决。

　　（2）技术先进性。技术先进性是 DHC 全生命周期节能服务模式的前提。DHC 的技术先进性逻辑在于能源集约利用的原则，因地制宜地根据上位能源条件选择合适的工艺技术路线，淘汰落后、能耗大的工艺和设备。

　　①多能互补。充分利用项目所在地的可再生能源，结合热泵、余热利用、蓄能等技术，激发可再生能源的潜力。

　　②技术集成。针对当地的能源禀赋开展调研、分析，不应只关注系统形式的多样化和过多地追求技术形式的"标新立异"，而是坚持技术创新性应用与服务经营原则统筹、协同。

　　③智慧能源。依靠大数据、云计算、物联网技术将设计与运营融合，具有智能感知、自主学习的能力，实现智慧设计、智慧建设、智慧运营，从全产业链及系统层级提高DHC 经济性，降低运营维护成本。

　　（3）环境协调性。环境协调性是 DHC 全生命周期节能服务模式的关键要素，至少包括三个方面的内容要求。

①能源消耗最少。节能降耗主要有三种途径：减少能源消费需求；在能源消费需求的条件下，提高能源利用效率；在能源效率同等的条件下，优化技术路线组合及工艺流程。

②能源最佳利用。按照能源科学、合理、梯级利用原则，尽量利用低品位能源实现供冷、供热。

③环境影响最小。减少化石能源的依赖，降低 CO_2、氮氧化物（NO_x）和 SO_2 等有害气体的排放，减少空气污染，以及环境负面影响。

（4）经济合理性。经济合理性是 DHC 全生命周期节能服务模式必须考虑的影响因素。即以最低的全生命周期成本实现功能性配套，既要考虑系统的投资建设费用，也要考虑运营期间的维护、保养、更新、改造成本。

技术路线与商业模式

TECHNOLOGY ROADMAP AND
BUSINESS MODEL

　　DHC 不是一种技术路线，而是一种集成思想，是多种技术路线的排列组合。适宜的技术路线的选取，需要以项目所在地的上位能源资源条件、项目所在地的气候特征、项目的建筑规划及定位、项目的业态及其用能习惯为出发点，结合不同技术路线的特征，确定复合型的技术路线。项目的商业模式决定了项目的技术路线，合理的技术路线成就项目的商业模式。

　　适宜的技术路线是 DHC 系统可持续运营的基础，以可持续运营为指导的技术体系，是区域能源成功的关键。可持续的技术路线需要综合后期运营的稳定性、经济性、便利性。

　　DHC 的自身特点以及每个项目各自的特性，决定了技术路线在每个项目中都有着独立创新性和不可复制性。DHC 是各因素综合后的全新系统，每一个区域供冷供热项目都是不能复制的。

第一节　技术路线与项目背景

一、项目背景因素

DHC 因地制宜地充分利用可利用资源，采用不同的技术路线，提高能源系统的综合利用效益，具有高效、节能、环保的特点。但 DHC 采用什么样的技术路线，抑或是项目是否采用 DHC 满足其能源需求，均与项目的背景密不可分。影响 DHC 技术路线选择的项目背景因素主要包括项目所在地的上位能源资源条件、项目所在地的气候特征、项目的建筑规划及定位、项目的业态及其用能习惯。

（一）项目所在地的上位能源资源

上位能源资源条件是确定技术路线的关键因素，包括上位能源的种类、供应稳定性和经济性。

（1）上位能源的种类。上位能源的种类决定可选用的技术路线的种类。例如，如果项目所在地只有丰富的电力资源，可以电直接作为热源，采用电驱动（离心式冷水机组、螺杆式冷水机组）的技术方式；若项目所在地有余热蒸汽，采用余热蒸汽作为 DHC 的冷热源，是基于热电联产的基础，利用电厂的余热蒸汽为热源，夏季利用蒸汽吸收式制冷机组制冷，冬季利用蒸汽供热，来实现 DHC 的需求。

（2）上位能源的供应稳定性。DHC 系统的服务规模化已经作为一种公共基础服务存在。上位能源的稳定性决定了 DHC 系统的稳定性，确保 DHC 系统供能稳定的前提就是上位能源供应稳定。

（3）上位能源的经济性。上位能源的价格直接决定 DHC 系统投入运营之后的运营成本，关乎 DHC 系统是否可持续运营。在确定技术路线之初，就需要进行经济性分析，例如，某项目所在地的电力资源非常丰富，且有分时电价，但是高峰期和平谷期的电价差异小，在这种情况之下，便不能轻易采用蓄能系统，需要进行全生命周期的经济分析，确定是否采用蓄能技术和蓄能所占的比重。

（二）项目所在地的气候特征

项目所在地的气候特征是确定用户需求的前置条件，气候特征包括气温（年平均温度，供暖、通风、空调室外计算温度等）、风向、风速、降水、相对湿度等。

（1）能源品质的需求。气候特征决定了终端用户对能源品质的需求，如果项目所在地夏季的湿度大，室内空气需要除湿，则需要较低的供水温度满足室内的湿度要求。反之，则可以提高冷冻室的供水温度，进一步提高 DHC 系统的能效。且项目所在地的气候特征是确定项目冷热负荷的边界条件。

（2）供能时长需求。我国分为严寒地区、寒冷地区、夏热冬冷地区、夏热冬暖地区、温和地区这五大建筑热工分区。不同的热工分区对冷热的供应需求是不同的，供暖需求是严寒和寒冷地区的必备需求，且供暖时较长，基本无供冷需求。夏热冬冷地区对冷热均有需求，但是对时长的需求各有差别。而供能时长决定 DHC 系统的运行时间，运行时间与 DHC 系统全生命周期的经济性分析密切相关。若某地区的供冷时间约为 1 个月，且冷负荷较小，则项目的回收期年限会较长，在进行技术路线比较分析时，尽量避免采用投资过高的技术路线。

（三）项目的建筑规划及定位

项目的建筑规划及定位对技术路线的影响体现在决定项目负荷的建筑特性和项目定位上。

（1）项目本身的建筑特性。建筑围护结构是建筑室内和室外进行热量交换的重要通道，围护结构的热工性能对建筑空调能耗有着较大的影响。围护结构的传热系数越小，其建筑全年空调负荷总量越小；围护结构的传热系数越大，其建筑全年空调负荷总量越大。国家出台了相关的节能设计规范，限制围护结构传热系数的最大取值，实现建筑节能设计。建筑形态系数大，单位建筑面积对应的外表面积越大，热损失越大。建筑节能设计需要考虑本地的气候条件、太阳辐射强度、围护结构等多方面因素，合理确定建筑的造型和形状。

（2）项目的定位。项目的定位属于顶层设计，与项目的地域、用途、投资方和建设方都密切相关。能源供应的品质，能源服务的稳定性、安全性均需要匹配项目的定位。在不同的项目定位中，影响技术路线的因素排序需要动态重置，当项目是示范性项目时，则需要考虑示范性的技术路线，新技术、新产品的应用比例应合理适量增加。

（四）项目的业态及其用能习惯

项目在进行规划设计时，需要根据用地性质、项目周边的规划状态、项目所在地的政策法规，同时结合项目运营方式，确定项目的业态组合和比例，确保项目的去化、招商引资和可持续运营。

（1）项目的业态。不同的项目业态会有不同的负荷需求，体现在年负荷需求和逐时负荷上。商业建筑在工作日的冷热负荷需求是小于非工作日的，而办公建筑则正好相反，在非工作日只有零星的加班用户的冷热需求。图 4-1 ～图 4-3 为典型的商业、办公和居住建筑的负荷状态，可见商业建筑的热负荷需求是小于办公建筑的，且商业建筑的冷负荷需求波动较大，办公建筑的冷负荷相对稳定。

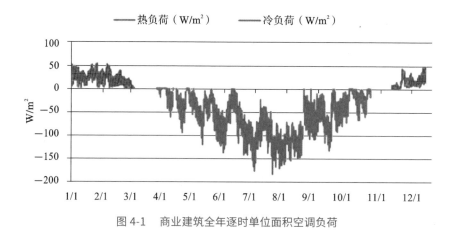

图 4-1 商业建筑全年逐时单位面积空调负荷

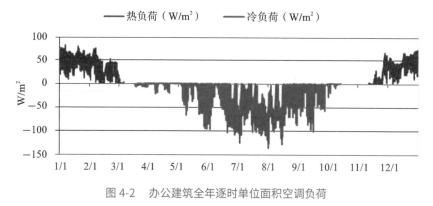

图 4-2 办公建筑全年逐时单位面积空调负荷

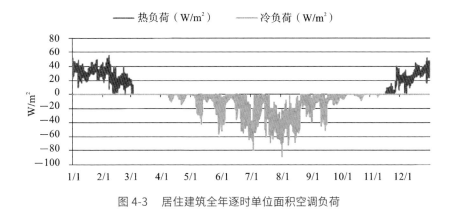

图 4-3 居住建筑全年逐时单位面积空调负荷

（2）用能习惯。用能习惯是一种用户主观的行为，与用户所在企业的企业文化、年龄、成长和生活环境相关。有的用户开着空调，同时还开窗通风，无疑增加了系统的负荷；有的企业全年要求员工着工作装，这样的企业制冷季对冷负荷需求高，采暖季对热负荷的需求高。在确定 DHC 的技术路线前，需要对项目招商引资的对象进行调研，分析其用能习惯，从满足用户的需求出发，确定合理的技术路线。

二、技术路线与项目背景的关系

DHC 系统项目不再仅仅是政府主导推动，而是更多体现了市场行为，逐渐实现了商业化运营。商业化运营是 DHC 系统的目标，是实现 DHC 系统可持续运营的基础。DHC 系统是降低建筑能耗的重要手段和途径，但也并不是"万能钥匙"，DHC 系统具有自己的适用范围。

举个例子，某 DHC 项目自运行以来，每年亏损一千多万元。项目运用的是分布式能源，利用天然气作为上位能源，通过燃气轮机燃烧去拖动发电机发电，发电量上网，然后利用高温烟气和缸套水制冷和采暖。项目的技术路线没有问题，实现了能源的梯级利用，也是分布式能源的试点项目。分布式能源是所有能源体系里能源利用效率最高的一种技术办法，天然气的能量用到了 70% ～ 75%，那为什么在这个项目上失败了呢？分析结果是，当在满负荷发电的情况下，尾气的热量全部被迅速利用才能达到 75% ～ 78% 的利用率。该项目的冷热需求为工作日时间 08：00—18：00，项目运行的冷热负荷与发电负荷之间存在时间和用量上的矛盾。非供冷供热期间，发电的余热全部被排掉。650
～ 700 ℃的高温烟气在排放的过程中，有一个迅速冷却的过程，会凝结一种弱酸性的水，
导致高速蒸汽发生器易坏，且更换成本极高，不仅余热没有得到充分利用，同时还增加
了维护保养成本。

同时该项目还有一个特殊业态问题，其性质为文化创意产业，服务对象为画家、作
家等艺术家，艺术家的工作时间自由空间大，且有较长的写生和采风时段，对能源的需
求时长是有限的。设计之初未考虑其负荷特点，设备容量偏大，导致初投资加大，增加
了项目的投资回收期，因此无法实现其可持续运营和多方共赢的局面。

分布式能源要与项目匹配。例如某一个园区，有十家制药厂，或者有十家食品厂，
或者十家精细化工厂，或者有十家轻电子组装企业，这个园区有 24 h 的冷热用能需求，
且 24 h 的冷热用能需求时间都不会低于 30%，即可采用相同比例的分布式能源，确保
尾部的能量全部被利用。

通过上述的案例分析可知，项目成本与正确的技术路线是相互成就的过程。同时，
项目的自身性质决定了项目的技术路线，每个项目都应该采用最合理的技术路线，而不
是由技术路线主导项目。

三、各种技术路线的特点和项目的适用范围

DHC 是集中集约综合利用能源的技术思想和方法，是多种技术路线的排列组合。

DHC 技术路线包括单制冷技术路线、单采暖技术路线、热泵技术路线和燃气冷热电
联供技术路线。

（一）单制冷技术路线

常用的单制冷技术有电制冷、溶液式制冷（溴化锂吸收式制冷）和蓄冷（水蓄冷、
动态冰蓄冷）。设计时应综合考虑项目的背景因素，结合单制冷技术本身的特点，确定
复合式的技术路线。表 4-1 从驱动能源、节能路径、初投资、配电容量、稳定性、空调
效果、节能性、维护管理、运行成本、适用范围对单制冷技术进行对比分析。

表 4-1 单制冷技术路线

类别	单制冷技术路线					
	电制冷		溶液式制冷		蓄冷	
	离心机	螺杆机	磁悬浮	蒸汽溴化锂	动态冰蓄冷	水蓄冷
驱动能源	电	电	电	高温余热蒸汽	电（谷段）	电（谷段）
节能路径	水	水	水	水	水	水
初投资	初投资较低	初投资较高	初投资高	吸收式制冷机组比离心机组贵，且需要考虑蒸汽接入费，初投资较高	系统复杂，机组昂贵，设蓄冰装置，初投资高	相对于冰蓄冷，蓄能装置大，机房面积需求大，初投资高
配电容量	高	高	高	低	较高	较高
稳定性	稳定可靠	稳定可靠	稳定可靠	受蒸汽品质影响	稳定可靠	稳定可靠
空调效果	效果好	效果较好	效果较好	受蒸汽品质影响	效果好	效果较好
节能性	机组能效高，系统节能	机组能效较高	机组能效较高	机组能效较低	机组能效较低	机组能效较低
维护管理	维护简单、方便	维护简单、方便	维护简单、方便	维护相对复杂	维护复杂、难度大	维护复杂
运行成本	较低	较低	较低	受蒸汽价格影响	低	低
适用范围	系统简单、装机容量大的项目	机组容量小，设备台数多的项目	小型、装机容量小的项目，低负荷时段	蒸汽接入价格合适、品质良好、价格低	有峰谷电价，且峰谷价差大，谷段电价低	具有峰谷电价，且峰谷价差大，谷段电价低；同时具有蓄热及蓄冷需求

（二）单采暖技术路线

单采暖技术路线分为天然气真空热水机组、汽水板换（或者板换机组）、电锅炉、蓄热模块和地热利用，如表 4-2 所示。

表 4-2　单采暖技术路线

	种类		特　　点	初投资	运行成本	适用范围
单采暖	天然气真空热水机组	天然气	优点：节能效果好；负压运行安全高；防腐蚀不结垢，寿命长；体积小，安装容易；免审批，手续简单。 缺点：热水出水温度低，锅炉造价成本较高，维护工作麻烦，需设置独立用房	锅炉设备较贵，需要设置独立的锅炉房，初投资高	运行成本受天然气价格的影响较大，运行成本较高	有稳定气源，且适宜于天然气价格合理的项目
	汽水板换	余热蒸汽、热水	优点：系统简单，占用空间小；自耗电及用水量少；环保节能，提高了能源利用率。 缺点：蒸汽品质影响供能效果，对自动化程度要求较高；一旦电厂停气，势必会影响供能	设备简单，但蒸汽的接入费昂贵，初投资较高	蒸汽的价格直接制约着系统的运行成本	有市政管网提供接口的地区
	电锅炉	电	优点：无污染、无排放；智能控制；系统运行简单、方便；能效比高，运行费用较低；占用空间小。 缺点：耗电量较大，且需专门机构进行监检；气候条件影响其运行效果	相比天然气锅炉设备较贵，需设置独立的锅炉房，初投资较高	主要成本受电价影响；输出功率同等时，运行成本相对天然气高	享受电价优惠政策的地区
	蓄热模块	电	优点：节约能源；能有效缓解供能高峰期的压力；自动化程度高。 缺点：储能密度低，占地空间大；对自控技术要求较高，难度较大	占地空间大，自动化技术要求较高，初投资较高	运行成本相对低	有足够安装空间，且能享受相关政策优惠的地区
	地热利用		优点：无污染、持续性、稳定性高。 缺点：开发难度大，开发技术不成熟，开发成本高；过度利用可能会影响地质形态	开发难度大，危险系数较大，初投资很高	上位能源取自自然，运行成本视供能方式而定	经地质勘测适宜用地热且享受地方政府鼓励政策的地区

（三）热泵技术路线

常用的热泵形式和技术特点如表 4-3 所示。

表 4-3 热泵形式和技术特点

热泵类别	技 术 特 点	初 投 资	运行成本	DHC 适用范围
土壤源热泵	优点：采暖无须热源且经济。 缺点：需要适宜的地质结构和足够埋管的场地；容易形成热堆积，降低系统运行效率；冷却侧埋管具有不可修复性	实施难度大，且受地质结构的影响，初投资高	易热堆积，系统的运行效率逐年减低，运行成本逐年升高，运行成本不可控	适用于有特殊需求的 DHC 系统，不建议作为基础工艺方式
江水源热泵	优点：与土壤源相比，江水源热泵取热的方式更加经济，具有可实施性；由于水体是流动的，热堆积的影响大幅降低。 缺点：受热源体的限制，各地对地表水的取用政策各不相同	初投资较土壤源热泵经济	热堆积影响较小，运行成本可控	适用于滨临江水且政策允许对地表水取用的项目
湖水源热泵	优点：湖水源的取热方式较为经济。 缺点：需要足够的水体容量，由于湖水无法流动而存在热堆积的问题	简便和易操作的取热方式，减小了湖水源热泵的初投资	易热堆积，系统的运行效率逐年减低，运行成本逐年升高，运行成本不可控	适用于有足够湖水水体，毗邻湖水的项目
海水源热泵	优点：海水资源丰富，无热堆积。 缺点：海水的腐蚀性和海体内的生物增加了海水水质处理的难度，缩短了设备的使用寿命	海水腐蚀性和海水的水质处理，大大增加了系统的初投资	无热堆积，但设备和管道的腐蚀严重，热损失严重，增大运行成本	适用于沿海的项目

热泵类别	技术特点	初投资	运行成本	DHC 适用范围
污水源热泵	优点：热源再利用，清洁环保。 缺点：受到水源体的水量、水温和水质的制约	污水的过滤、输配系统以及污水使用接入费增加了系统的初投资	运行成本随着处理污水的费用变化而变化	适用于临近污水处理厂，且能保证有充足的水量、稳定适宜的水温、可靠的水质的项目
空气源热泵	优点：不需要冷却水系统，安装方便，机组可放在建筑物顶层或室外平台上，省去了专用的机房。 缺点：空气的传热性能差，风机功率大，噪声污染，冬季易结霜，供热效率低	由于空气的传热性能差，换热器的体积较为庞大，增加了整机的制造成本，加大初投资	风冷热泵的性能系数较低，冬季需要定期除霜，并要增加辅助加热设备，运行成本高	适用于机房用地紧张、水资源缺乏、冬季气温适中的项目
能源塔热泵	优点：提高了设备的利用率，不受地质条件与场地限制，运行稳定，系统简单。 缺点：单机容量较小，能源塔工作介质的过滤净化和再生较困难	能源塔工作介质的过滤净化和再生增加了系统的初投资	能源热泵的性能系数较高，且电价稳定，运行成本较低	适用于蒸汽、天然气供应受限，冷热负荷适中的项目，尤其适用于节能改造项目

（四）燃气冷热电联供技术路线

1. 概念

燃气冷热电联供（combined cooling heating and power，CCHP）系统是在热电联产（CHP）技术应用的基础上发展起来的一种能源供应方式。它属于新型分布式能源系统，以机组小型化、分散化的形式布置，可同时向用户供冷、供热、供电，实现能源的综合梯级利用。它将供冷系统、供热系统和发电系统相结合，以小型燃气轮机或燃气内燃机为原动机驱动发电机进行发电，发电后的高温尾气可通过余热回收设备进行再利用，用于向用户供冷或供热，可满足用户同时对冷、热、电等能源的使用需求。

2.CCHP 应用于 DHC 的特点

（1）应用特点：冷热电负荷不匹配。

用户的负荷需求随着季节、气候、时段、建筑功能以及用能习惯，甚至人文因素等诸多因素而持续变化，且热负荷和冷负荷无法平衡，但热电联产的设备一经选定，其正常运行的热电比具有一定的范围，故总会有多余的热量或者电量，从而造成能量的浪费。

（2）设计原则：以热或冷定电。

鉴于冷热电联供系统运行中冷热电负荷不配的特点，在设计应用于区域供冷供热系统中的燃气冷热电联供时，需要以满足热或冷为首要前提，所发的电力作为电网的补充。

采用小型或微型发电机组的分布式能源站系统如果仅作为发电之用，其效率低于大发电设备，在能源利用上不合理，所以，要求分布式能源在系统配置时以热定电。

（3）运营维护。

CCHP 涉及专业较多，包括电力、电气、暖通、机械等，设备种类较多，运营维护难度大。

3.CCHP 应用于 DHC 的适用条件

CCHP 实现能源的综合梯级利用，同时应结合负荷的实际应用特点，从系统运行的经济性、运营稳定性及可持续性，综合确定 CCHP 对 DHC 的适用性。适用条件包括能源供应条件、联供负荷条件、联供能效条件和适用范围。

（1）能源供应条件。

天然气供气充足，且供气参数稳定，保证燃气轮机一次能源供给和正常运行。

CCHP 的发电量可自用，亦可并网。若多余的电量能上网，可助力于系统的节能高效运行。

项目所在地的天然气价格相对于电价具有一定优势。

（2）联供负荷条件。

全年的电力负荷需求与冷、热负荷相互匹配，结合冷、热负荷合理地设置设备容量。

联供系统的年运行小时不宜小于 2000 h。

（3）联供能效条件。

燃气冷热电联供系统的年平均能源综合利用率应大于 70%。

CCHP 的系统年平均余热利用率宜大于 80%，因为 CCHP 的节能率超过常规系统 15%。

（4）适用范围。

CCHP 一般对医院、学校、休闲场所、机场、工业企业、产业园区等用户适用性较好，具体的集成供能方案应根据项目的热电负荷特性、能源条件及价格等因素，经过经济分析比较后优化确定。

四、DHC 复合型技术路线的应用

根据项目背景复杂的因素，综合利用各种技术路线的特点，确定 DHC 系统的复合型技术路线。在负荷分析、确定上位能源的基础上，结合相应的能源政策、系统运营的经济及便利性等，选择合适的工艺方式。

在确定 DHC 的技术路线时，需要遵循负荷比例、耦合方式、运营侧重、功能性需求的原则。

（1）夏季制冷要保证一定比例的高效离心机系统，系统结构简单，经济性高，是能源站系统技术路线的主要基础。

（2）项目所在地具有其他优势能源，可作为能源站的主要技术路线，需要根据实际项目从技术可行性、稳定性、经济性和后期运营等方面做全面的专项讨论，确定该能源所占比例。如根据当地政策及项目本身的优势，可适当提高此工艺方式的比例，但是必须做全生命周期比较方案分析论证。

（3）在采用分布式能源作为主要技术路线的时候，应充分考虑冷、热、电的需求平衡，同时保证分布式能源的发电小时数，应对使用的比例进行经济技术分析论证。

（4）冬季采暖优先采用市政热力和天然气锅炉作为基础能源，采取一定比例的热泵进行补充。如果热泵的条件非常具有优势，也可以作为能源站的主要供暖方式。

（5）项目所在地具备显著峰谷电价或蓄冷专用电价，可采用部分冰蓄冷作为 DHC 的工艺方式。冰蓄冷比例（蓄冰机组的蓄冰与空调工况瞬时制冷量之和／系统总瞬时制冷量）应根据专项全生命周期分析报告来进行论证。

五、DHC 对特殊项目需求的应对

（一）DHC 对一些特殊要求的应对措施

（1）应对建设时序矛盾。DHC 系统的机房选址是多专业、多方综合和协调的结果，园区的建设会分期进行，经常会出现机房所在建筑的建设不在首期建设范围内，已经有用户入驻，而机房建设未完成的情况。这种情况下，通常会使用"临时机房"的方法，因为前期入驻的用户所占比例较少，冷热负荷需求少，可以优先完成需供能区域内管网施工，采用租赁风冷热泵形式的设备设施（系统简单，可露天安装），满足前期用户的用能需求。

（2）应对入住率的变化。DHC 系统规划设计时，便会结合项目背景，结合同地区同类建筑的时间运营状况，并以积累的终端运营数据，对项目的入住率进行预测，指导技术路线、设备容量和设备组合的确定。在实际运营阶段，会出现入住率的变化。面对这种情况，一方面是在设备分期投入的集成上更改设备分期计划，若入住率相对计划增加，则增加设备的投入；若入住率相对预期增长缓慢，则延缓设备的投入。另一方面，通过控制技术和运营技术，根据实际情况更改运营策略，应对入住率的变化。

（3）应对业态或负荷的变化。业态或负荷的变化同入住率的变化类似。根据实际情况，在设备分期投入的基础上，更改设备的容量或者更改设备分期投入计划，如果业态的变化使得系统的负荷需求增加，则增加未投入的设备容量。反之，减少未投入的设备的容量。

（4）应对上位能源的变化。随着时间的推移，项目招商的方式、上位能源的条件也会发生变化。以项目的稳定性为前提，并通过全生命周期的经济分析，甚至会改变原设计的技术路线。

（二）DHC 系统暂较难满足的特殊要求

（1）全年 24 h 供能需求。有的企业 24 h 处于工作状态且人员密度大，希望全年用能（如金融行业的客服，五星酒店）。为确保系统和设备处于健康、高效的状态，DHC 系统至少需要 2 个月的维护时间，若不单独设置备用系统，则无法满足全年供能要求。

（2）重要特殊客户。例如核心数据机房，其对能源的稳定性要求高，要求上位能源的供应十分稳定，且是全年 24 h 的冷需求。而 DHC 系统是上位能源供应方的用户，只能通过多能互补等技术方式提高系统的稳定性，DHC 系统的运营方不能主动确保上位能源的供应绝对稳定。

根据中国电信 IDC 机房规范和以往电信数据中心产品手册，电信标准 4 ～ 5 级的 IDC 机房，能源中心配置要求有以下几点。

①市电供电方式：两个电源供电，两个电源不应同时受到损坏（双路一类市电）。

②应急发电机组：根据数据中心具体要求配置发电机容量。

③空调设施：N+1 冗余。

④机房空调系统配电：双路电源供电，末端切换。

（3）冬季供冷、夏季用热的用户。普遍的供能方式为夏季供冷、冬季供热，有少量的用户需要冬季供冷、夏季供热，而规模化的 DHC 系统通常采用的是两管制，区域管网要么输送冷媒，要么输送热媒。若不独立设置管网，则不能满足夏季既供冷又供暖的需求。

上述要求可以通过四管制、双系统等方式满足。要满足有特殊要求的用户需求会无限度增加投资，则项目无法在规划的年限内回收，与 DHC 系统的可持续运营相矛盾。可以就近有针对性地增设系统来满足特殊客户的特殊需求，作为 DHC 系统的补充。

第二节　技术路线与能源禀赋

一、DHC 对上位能源的要求

能源作为城市建筑的血脉线，对用户具有不可替代的作用。DHC 系统需要保障能源系统运行的稳定性。能源系统稳定性的保障需要做到以下几个方面。

（1）能源系统所需能源的多元化供应，强化能源供应的稳定性。

（2）能源供应基础设施的强化建设，保障能源稳定供应。

（3）能源系统本身的稳定性，如主要设备的选择和管网的布置。

（4）建立能源运行调度和预警体系，以应对突发状况，确保能源系统正常运行。

　　能源的多元化供应及其基础设施的强化建设，需要当地政府相关法律规章制度和政策的大力支持，以及市政规划部门、燃气部门、电力部门、水务部门、环境部门、国土资源部门等统筹协调，建立统一有效的协调机制。DHC 能源系统的特性如下。

　　（1）供应稳定性。DHC 系统的服务规模化，在一定程度上是类似于供水、供电等城市公共基础设施，上位能源的稳定性即为 DHC 系统的稳定性。确保 DHC 系统供能稳定的前提就是上位能源供应稳定。

　　（2）经济性。上位能源的价格直接决定 DHC 系统投入运营之后的运营成本，关乎DHC 系统是否可持续运营。在确定技术路线之初，就需要进行经济分析。例如，某项目所在地的电力资源非常丰富，且有分时电价，但是峰平谷的电价差距小，在这种情况之下，便不能轻易采用蓄能系统，需要进行全生命周期的经济分析，确定是否采用蓄能技术。

　　（3）价格稳定性。DHC 系统选择上位能源除了要具有价格优势外，价格的稳定性也是项目可持续运营的一道保障，上位能源价格稳定，则用户侧能源使用费用稳定。把给用户供给的能源类比为一种商品，"物价上涨"是一个敏感字眼。DHC 为客户提供能源服务时，要达到"当水、电、蒸汽价格以及人工平均工资水平发生调整，乙方有权同幅度调整供能价格，调整后的价格不得高于本地段同类型物业的商业用能价格"。以武汉光谷金融港园区和武汉软件园园区为例，虽然上位能源价格在逐年增加，但 DHC 凭借其集成、控制和运营技术三大技术，至今未提高空调使用费，做到了节能共享。

二、上位能源的特点和适用范围

（一）调研的准确性

　　上位能源的结构与经济性是设计技术路线的关键因素，同时能源成本也是后期运营成本的重要组成部分，因而保证能源情况（包括能源结构、价格、政策等）调研的准确性是前期调研工作的重要一环。

（二）国内外区域供冷供热系统能源结构模式

1. 以电为热源的区域供冷供热模式
以电直接作为热源，集中供冷、热水，为用户群体提供冷、热供应服务。

电制冷的方式只需用电即可生产冷量，因此系统稳定。离心机技术在世界上已有上百年历史，离心机组的能效比高，在区域供冷供热领域得到了广泛的应用。冰蓄冷技术发展突飞猛进，将电制冷和冰蓄冷结合，降低电力配套。

2. 以余热蒸汽为热源的区域供冷供热模式

采用余热蒸汽作为区域供冷供热的冷热源，是基于热电联产的基础，利用电厂的余热蒸汽为热源，夏季利用蒸汽吸收式制冷机组制冷，冬季利用蒸汽换热，来实现集中供冷供热的需求。

蒸汽制冷、采暖技术投资成本适中，系统实施比较简单。

在有足够量及品质的蒸汽源和较为合理的蒸汽价格的前提条件下，采用电厂的余热蒸汽为热源，结合电制冷技术以及冰蓄冷技术，从技术和经济上适合区域供冷供热模式的规模性特点。

3. 燃气冷热电三联供模式

燃气冷热电三联供（即 CCHP），是指以天然气为主要燃料，带动燃气轮机、微燃机或内燃机发电机等燃气发电设备运行，产生的电力供应用户的电力需求，系统发电后排出的余热通过回收利用设备（余热锅炉或者余热直燃机等）向用户供热、供冷。通过这种方式大大提高整个系统的一次能源利用率，实现了能源的梯级利用。还可以提供并网电力作能源互补，整个系统的经济收益及效率均相应增加。

燃气冷热电三联供是分布式能源的一种，具有节约能源、改善环境、增加电力供应等综合效益，是城市治理大气污染和提高能源综合利用率的必要手段之一，符合国家可持续发展战略。燃气冷热电三联供系统能充分利用天然气的热能，同时可降低以天然气为燃料的供热成本，把一部分成本摊到电费上，减轻运营成本负担。

燃气冷热电三联供在能源转换效率方面所具有的突出优势，使其在世界各国的能源领域大都具有显著地位。尤其是在欧美各国，基于燃气冷热电三联供的区域供冷供热系统比例较高。

4. 可再生能源的区域供冷供热模式

能源分为可再生能源和非再生能源两大类型。可再生能源包括太阳能、水力、风力、生物质能、波浪能、潮汐能、海洋温差能等，它们在自然界可以循环再生。

可再生能源对于区域供冷供热的意义在于，可以提供免费的冷源及热源。通过热泵技术（一种能从自然界的空气、水或土壤中获取低品位热能，经过电力做功，提供可被人们所用的高品位热能的装置），将可再生能源转换为冷、热量，用于人们的集中供冷供暖。

《中华人民共和国可再生能源法》已由中华人民共和国第十届全国人民代表大会常务委员会第十四次会议于 2005 年 2 月 28 日通过，自 2006 年 1 月 1 日起施行。政府通过补助的方式对可再生能源的应用予以扶持引导。

可再生能源由于具有循环再生能力，在国外得到广泛应用，如瑞典、丹麦等国家，普遍采用海水、湖水、地下水、工业废水、生物质源等为冷热源。目前，可再生能源在国内主要应用于照明、生活热水等小体量系统。风能系统受市场因素的影响未能得到大幅推广。可再生能源在空调领域的应用则突出体现在国内近十年来地源热泵的发展。

三、上位能源的选用原则

区域能源的大型化，使得能源站更有条件去选择多种能源，上位能源的丰富化，使得我们选择的合理性尤为关键。区域供冷供热系统的上位能源的选取应根据项目所在地的能源动力条件、气象条件、客户的用能需求和系统的设置条件等，结合国际、国内的能源形势，综合考虑 DHC 系统的安全可靠性、稳定性、经济性等，选择最适合本项目的上位能源。目前常用的上位能源为电力、市政热力（蒸汽和高温热水）、天然气。其他可用能源方式有地热能（地源热泵）、水能（污水源热泵）、海洋能（江水源热泵、湖水源热泵、海水源热泵）、空气源（空气源热泵、能源塔）、余热（包括工厂、发电厂等设施排除的余热）、太阳能、风能、潮汐能、生物质能等可再生能源。上位能源条件包括了能源价格（包括售价、接入费、报装费、工程费等）、能源政策以及能源供应的稳定性。

上位能源的选取需要遵循如下原则。

①因地制宜。充分利用项目所在地的优势上位能源，不需要纯粹追求先进技术。

②安全稳定。确保上位能源安全稳定地供应。

③灵活互补。充分优化组合上位能源，使 DHC 系统具备灵活调节运行策略的条件。

④经济节能。综合考虑 DHC 系统的初投资、节能性、运行经济性和技术可行性。

选择上位能源须进行经济测算，应对单位能耗、部分负荷时的能耗和年能耗进行分析对比和充分的经济论证。上位能源的选择宜以基础能源为主（电力、市政热力和天然气），其他能源为辅。当项目所在地其他上位能源具有先天优势时，必须经过充分论证，形成专项报告，报告内容应包含供应稳定性、初投资、运行费用、系统复杂性、运行工作的复杂性和未来不确定性因素等。

第三节　技术路线与可持续运营

人类的社会活动需要持续地消耗能源，并同时向环境排放大量污染物质。显然，城市的可持续发展有赖于能源资源的支撑与自然环境的包容，然而无论是能源资源的赋存，还是自然环境的容量都不是无限的。2009 年，时任联合国秘书长的潘基文和世界银行行长等全球合作伙伴共同发起了"人人享有可持续能源"的全球倡议。

"可持续"是人类对能源的需求与希望，DHC 系统的可持续经营能够有效助力于降低建筑能耗，提高能源利用效率，同时实现 DHC 系统各参与方的共赢。

一、持续经营的关键性因素

在进行 DHC 系统的设计时，需要结合项目的建筑条件、招商进度、项目业态和当地的气候条件等因素的影响，客观、科学、合理地对 DHC 的 20 年全生命周期进行技术经济分析。其中，影响项目可持续经营的因素包括初投资、运营成本、年用能量、销售价格。

1. 初投资

初投资是项目决策的重要依据，初投资的多少和准确度直接影响项目的决策、投资的经济效果，并影响到工程建设能否顺利进行。

根据商务模式确定投资内容，DHC 系统的投资分为上位能源的报装接入费、系统费用、工程建设的其他费用和基本预备费三大块。

（1）上位能源的报装接入费：根据项目实际使用的上位能源的种类，结合当地的相关政策法规，向能源供应方支付费用。例如向供电局支付电力报装费用，向热力公司支付余热蒸汽接入费或者工程费用。

（2）系统费用：机电设备及安装（含变配电系统、自动控制系统）、庭院支网、楼栋计量系统、末端系统；结合项目的商务模式，划分各个部分的归属。

（3）工程建设的其他费用：监理费、设计费、咨询费等。

（4）基本预备费：要根据项目不同业态的入住率，准确进行负荷预测，制定运营策略，对设备进行分期，实现分期投入，但DHC系统的公共管网需要在首期投入。

2. 运营成本

运营成本包括燃动成本（水、电、气的成本）、折旧成本、维护保养成本、利息成本（根据向银行贷款的额度确定）、税费成本、管理成本和运行人员工资成本。上述成本是DHC系统全生命周期的运营成本，在不同的入住时期，项目的运营成本是不同的。项目运营初期，负荷小，末端需要的数量小，而管网的水容量大，且设备处于低负荷的运行状态，运行效率低。项目初期的单位燃动成本较高，随着入住率的增加，燃动成本会逐渐降低至平衡状态。而在项目运行初期，设备性能好，项目的维护保养成本相对低，随着时间的推移，设备的累计运行时间逐渐增加，系统和设备的故障点也会随之增加，维护保养成本会相应增加。

3. 年用能量

根据功能的不同，通常将建筑物分为两类：公用建筑和住宅建筑。公用建筑又可细分为医疗教育建筑、商业建筑、体育建筑、文体建筑等。公用建筑按使用率不同又可分为低使用率建筑和高使用率建筑，其中低使用率建筑只在特殊情况下使用，如多功能厅等，平时大部分时间处于闲置状况。因此，不同类型的建筑年用能量存在着较大的差别，住区的负荷预测和年用能量直接影响能源站的投资和经济运行。影响年用能量的因素主要有气候条件、建筑类型、各类建筑的使用特点、生活习惯、经济条件等人文因素。

4. 销售价格

销售价格包括了两个部分：①接入DHC系统的接入费标准（此项不是所有项目的必备项，需要结合项目的商务模式确定）；②能源单价。

（1）接入费标准：以项目的初投资为参考，以项目的可持续运营为前提，降低客户的初投资，同时确保DHC系统的运营商有合理的利润空间，综合确定接入费的标准。

（2）能源单价：能源单价由上位能源价格、项目实施的系统形式和项目的招商入住情况等因素决定。首先，能源单价需要在项目所在地具有市场接受度，否则便无客户群体，失去了 DHC 系统可持续运营的群众基础；其次，还需要结合 DHC 系统运营上的运营技术、智控技术、精细化管理等因素，确定 DHC 系统的节能空间，保证系统运营商合理的利润空间；最后，要同时确保项目的资金运用是平衡的，项目具有较强的财务生存能力和一定的抗风险能力。结合上述多维度的因素确定能源单价，使得系统在全生命周期内可持续运营。

二、技术路线影响可持续运营的因素

前述内容分析了影响项目可持续运营的因素，而制约这些因素的主要环节就是项目的技术路线。不同的技术路线对应不同的上位能源、技术设备、安装方式、运营技术的要求等，初投资和运营成本也有所不同。

以武汉中电节能的合肥金融港项目为例，项目所在地有电力资源、蒸汽资源和天然气资源。蒸汽价格为 230 ～ 260 元 / 吨，根据规范限定的能效比计算蒸汽价格与电价的对应关系，对应的电价为 1.669 元 / 千瓦时，高于电价高峰期间的高峰值（1.4125 元 / 千瓦时）。如果采用蒸汽制冷或者采暖，需要额外投入接入费 3000 万元以及 300 万元的工程费用。考虑初投资以及后期的运营成本，该项目不利用蒸汽作为冷热源，最终选用电和天然气作为该项目的上位能源。

三、武汉中电节能对可持续运营技术路线的践行

以可持续运营为指导的技术体系是区域能源成功的关键，具体解释为，以后期的可持续运营为前提条件，指导前期规划、设计和技术路线的选择。在设计中，充分考虑后期运营的稳定性、经济性、便利性。在选择新的节能技术时，要充分考虑前期的投资和后期运营的可靠性、稳定性和经济性。

武汉中电节能是专业的产业园区开发运营企业中电光谷 HK.00798 的核心成员，专注于建筑节能研究与应用，是一家提供（DHC）投资、建设、运营全产业链服务的高新技术企业，是中国领先的城市区域建筑供冷供热投资建设运营服务商，自主投资建设多个 DHC 能源站，是国内为数不多的成功实现 DHC 商业化运营的企业之一。

　　武汉中电节能持续推进区域能源可持续运营技术创新，目前已获得 DHC 关键领域知识产权 37 项，包括发明 9 项，实用新型专利技术 24 项，软件著作权 4 项。其中，"一种中央空调节能自控系统及方法"获得国家发明专利授权，填补了 DHC 系统自控技术的空白。

　　专利的内容涵盖了区域能源中设备、管道及附件、空调系统、自控系统等全方面，将专利运用于系统的设计、施工和运营的全过程和全生命周期，从多维度助力于系统的高效节能运行。专利的优点如下。

　　①优化组合设备，降低初投资。

　　②优化了系统的空间布置，节省了系统的占地面积。

　　③结合施工和运营的需求的专利，提高了设备的适用性及利用率。

　　④增强了施工和运营的便利性，提高了施工效率和工作效率。

　　⑤提高设备与系统的使用寿命，提高了系统效率，降低了系统运行与维护的成本。

　　⑥提升系统的稳定性，提高系统供能品质。

第四节　技术路线的独立创新性及不可复制性

　　区域供冷供热系统有其自身特点，每个项目也都具有自己的特性，技术路线在每个项目中都是创新和不可复制的。因此，不同区域的供冷供热项目都是各因素综合分析后创新的系统。DHC 具有以下特征。

　　（1）DHC 系统有功能要求，也有性能要求（如节能指标、减排指标）。

　　（2）系统规模较大。服务面积通常在 20 万平方米以上，系统容量在 15 MW 以上，输送距离多为 1～2 km。

　　（3）必须考虑可再生能源利用、余热废热利用、能源梯级利用，基于各种低品位热源的热泵系统、燃气冷热电三联供、地热梯级利用等的利用。

　　（4）多能源与多系统复合。形成多能互补，提高系统可靠性；在充分利用可再生能源的同时，还要保证系统的经济性。

　　（5）蓄能几乎成为必需。利用能源的峰谷价差，提高系统经济性。实现实时负荷与设备运行的解耦，提高系统运行效率。

（6）系统负荷分期发展。受开发时序、市场变化影响，负荷发展期往往在 3 年以上。

（7）专业服务商运营。关注经济性指标往往甚于关注技术方案，因此，系统设计方案必须考虑能支撑预定的财务指标，而非仅考虑技术合理性。

以上特征决定了 DHC 性能化的设计模式和有针对性的设计目标（图 4-4），即通过合理的设计解决伴随这些特征的技术问题。

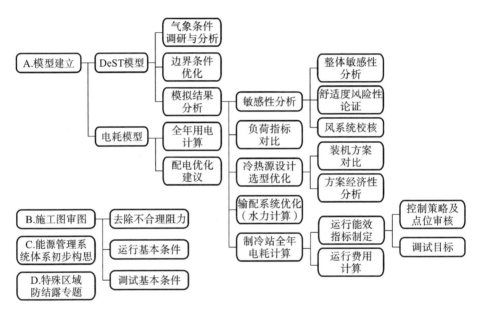

图 4-4   性能化设计模式和针对性设计目标

表 4-4 为武汉中电节能运营的 DHC 系统的技术路线汇总，每个 DHC 系统都是独一无二的，具有独立创新性和不可复制性。

表 4-4   技术路线汇总

项 目 名 称	供冷技术路线	采暖技术路线	备 注
武汉光谷金融港	离心式冷水机组、溴化锂吸收式冷水机组板冰式蓄冷	汽水板式换热机组	①项目所在地有余热资源，且余热蒸汽价格合理；②有分时电价

续表

项目名称	供冷技术路线	采暖技术路线	备 注
合肥金融港	离心式冷水机组流态冰蓄冷（占比为60%）	天然气真空热水机组	①有余热资源，但蒸汽接入费和余热蒸汽价格高；②有专属蓄能电价
上海中电信息港	地源热泵机组（占比50%）离心式冷水机组	地源热泵机组天然气真空热水机组	①有地热资源；②电价和天然气价格较高

技术创新与节能增效

TECHNOLOGICAL INNOVATION, ENERGY SAVING AND EFFICIENCY

DHC 的技术路线是在全产业链和全生命周期中，在保证可持续发展和安全稳定生产与供给的前提下，以获得节能减排社会效益和经济效益最大化为目的的技术途径。技术创新是 DHC 系统可持续运营的前提，是实现节能增效的关键。

全面掌控对节能增效产生正面与负面影响的各种因素，并以扬长避短、优势互补、协调一致的原则创建各种优化策略，对组成 DHC 的各部分进行优化整合和集成，以实现可持续发展、节能减排的社会效益和经济效益。

贯彻以市场化经营思想统筹 DHC 全产业链，以能源服务为核心，突出 DHC 运营管理，实行设计、建设、运营一体化管理，运用集成技术、控制技术和运营技术等，对 DHC 进行智慧化全面精准管控，实现全产业链和全生命周期的可持续发展。

根据 DHC 项目的个性化条件，即气候条件、上位能源结构及价格、项目规模、项目业态、业主需求等，选择符合可持续经营、节能增效要求的区域和站址；因地制宜地选择上位能源，尽可能合理地选择可再生、多能源互补的复合能源，选择超高效冷水机组和配套设备，选用合理供冷半径，采用分期安装法，运用静态节能增效优化策略将主机、辅助设备、管网、阀门、控制装置等整合为一个节能增效的 DHC 系统，进而运用动态节能增效优化策略、节能增效优化策略对 DHC 进行全面精准管控，以达到必须控制的指标，即"全站 COP 最佳""节能型运行成本最佳""合理回收期"。

第一节　技术创新的理念

区域能源通过能源网络系统向建筑物等服务对象提供能源服务，实现一次与二次能源的接收、生产与输配。主要的能源形式通常包括电力、燃气、热水 / 蒸汽（区域供热）、冷水（区域供冷）。涉及的系统形式包括锅炉房供热系统、冷水机组供冷系统、热电厂系统、冷热电联产系统、热泵供能系统、太阳能利用系统、风力发电系统及生物质能系统等。区域内不同形式能源服务通常会平行运行，因此区域能源的一个重要作用就是基于区域内特定的终端能源需求（形式、品位、耗散），对平行运行的能源体系进行优化集成，实现品位对应、温度对口、梯级利用、多能互补的能源生产、供应与利用。

DHC 系统复杂，技术要求高，不是系统的简单叠加，中电节能的设计理念为：在满足客户用能需求的基础上，以后期的可持续经营和能源服务为设计指导原则，满足国家相关规范、标准，选择适合本项目的上位能源和技术路线，采用先进、合理的节能新技术，设计稳定、高效、经济的 DHC 系统，满足系统的全过程需求。

以项目后期运营的可持续经营为指导的技术体系，是区域能源成功的关键。具体解释为：以项目后期的可持续经营为前提条件，指导前期规划、设计和技术路线的选择；在设计中，充分考虑后期运营的稳定性、经济性、可持续性。在选择新的节能技术时，要充分考虑前期的投资和后期运营的可靠、稳定和经济性。

保证项目的可靠性。系统规划区域内可利用能源，使各种能源合理搭配，根据能源条件选择最合适的空调工艺，采用高效节能的大型空调设备。充分利用现代信息技术、云计算、人工智能组成智能控制系统。在多用户、多业态间实现空调负荷与供能能力的实时智能调度，真正做到按需安全可靠供能。

保证可持续性。统筹规划 DHC 系统设计、投资、建设和运营，以后期的运营、能源服务指导设计，为后期运营服务提供稳定、高效、经济的 DHC 系统。以高效科学的运营管理为终端用户提供稳定、高效的能源和优质的服务，确保 DHC 系统在全产业链、全生命周期内健康可持续运行。

第二节 集成技术

区域能源不但带来了能源消费的革命(消费理念、商业模式、用能习惯、技术路线等),同时由于能源站的重要性,也带来外部输入条件的可选择性(技术路线的多样性、上位能源的丰富、位置的可选性等)。因此,集成优化在区域能源中显得尤为重要。狭义的集成优化指的是系统设备的整体最优,包括具体的能源的组合形式、主机设备、冷却系统、冷冻水系统、末端系统和连接方式、计量系统和智能控制系统等,组合在一起后成为最优化节能系统。广义的集成优化指的是可持续的商业模式、因地制宜的能源形式、更符合实际需求的项目特征、基于经营的设计和建设模式、全生命周期的运营管理模式、合理的投资规模、具有市场竞争力的收费标准等,构成了区域能源强大的生命力。

依据 DHC 项目所在地的能源禀赋、业态定位等因素,决定项目的技术特性,进行项目技术集成创新。

(1)因地制宜地选择上位能源,尽可能合理地选择可再生能源。

(2)基于多能互补复合的技术路线。

(3)输配节能技术。

(4)智慧控制平台。

(5)全生命周期的设计、建设、运营、技术创新。

一、负荷的选用原则

负荷计算是暖通空调系统设计的基础,决定 DHC 系统的装机容量、设备配置方案、系统的划分和自控方案的制定,同时与项目技术经济分析息息相关。准确的负荷计算是 DHC 系统设计的重要一步。

DHC 系统的负荷分析计算分为四步完成。

1. 项目调研

掌握当地的气象条件、项目的建筑特点、业态形式以及客户的用能需求和习惯等,全面了解影响负荷的建筑条件和人文因素,尽可能确保负荷模拟边界条件设置的准确性。

2. 软件模拟

在调研获取的数据基础上,通过谐波法或传递函数法,对非稳态的传热过程进行建模分析，模拟计算冷热负荷、逐时负荷以及年负荷。

3. 负荷的校正

负荷模拟不可避免地存在理想化设置边界条件的情形，需要根据实际运营大数据分析，对模拟负荷进行校正，避免冷热源负荷容量偏大。

4. 同时使用系数的选取

区域供冷供热系统最大的特点就是大型化、整体化、集约化和复杂化，同时使用系数的取值大小决定了总冷热负荷的大小。结合理论的测算和实际运营大数据选取，同时使用系数。

二、设备的选用原则

设备设施是区域能源系统的"五脏六腑"，直接决定系统能效，且每个设备设施不是孤立存在的，而是一个有机的整体。设备选用基于以下原则。

1. 功能性、节能性和经济性并重

以离心式冷水机组为例，目前，新技术和新材料的应用是百花齐放、百家争鸣，磁悬浮、永磁同步、直流变频、陶瓷轴承等一一涌现，首先要保证满足用户需求（冷热负荷及品质），设备的能效提高了，同时还需要评判技术的成熟度（关系系统运行的稳定性）、设备的初投资、维护费用，按全生命周期的财务评判办法确定设备的形式、品牌。即便采用某一种新技术或新材料，提高了设备的能效，但若投资大大增加，维护费用增加，回收期长，则需要结合项目商务需求的侧重点来决定是否采用。

2. 设备高效与系统高效并重

DHC 系统的显著特点之一是集成集约化，系统是组合设备，且是通过一系列技术工作相互衔接和配合的过程，设备的高效是系统高效的必要条件，但不是充分条件，需要保持所有技术工作的连贯性和标准一致性，配套智能控制及能效优化系统、远程监测和智慧运营维护系统，实现并维持系统高品质、高效率的工况，实现系统高效运营。

3. 运行策略先行导入

结合项目的负荷（DHC 项目负荷受开发时序、市场变化等多因素的影响）发展，将运行策略先行导入，指导设备的配置和选用，主机台数与容量配置需与末端系统负荷分布实现动态的、全工况的匹配，以提高运行能效为目的的运行调控策略，并通过与之相匹配的系统措施（技术、流程、设备）使其"落地"。

4. 具体项目的个性化要求

由于 DHC 项目的大型化特征，每个项目都有本身的个性化，应根据具体的项目需求，确定重要设备的个性化参数，满足整个系统的要求。

三、冷冻 / 采暖水系统

1. 输配温度及温差的选择

合理用能、集成用能是区域能源规划的核心，其中输出温度及供回水温差的选择是合理用能的重要体现。

（1）输出温度与需求的匹配。根据终端需求供应相应温度的能源，力戒"高质低用"，并引导终端能源需求品位合理化，如"高温供冷、低温供热"，又如"高温度、大温差输配，低温度、小温差输配"。

（2）系统思维确定供回水温差。结合项目的上位能源、技术路线，以及系统的输送方式、末端设备性能、系统整体的水力平衡，通过系统的思维确定供回水温差。在温差的选择上会考虑以下几个因素。

在相同的负荷下，大温差运行可减少系统的水流量，相应减小系统管径，减小输配能耗。供水温度越低，冷水机组的蒸发温度随之降低，冷机的 COP 会显著下降，增加系统能耗。过低的供水温度对设备的要求增大，同时对系统管道的保冷性能增加。考虑对末端设备的影响，温差越大，末端的投资增加越多。

采用"大温差、小流量"的方式进行供能时，在输配系统中产生的节约效果显而易见。但在实际运营过程中，使用相对小流量的冷冻水进行供能时，对各子系统及末端环路的水力平衡控制要求较高，若控制不好极易导致水力分配不均，从而引起局部供能效果打折。

综上所述，在供水温差的选择上，我们会充分考虑输配能耗、主机的能效、末端的影响、保冷的影响和水力平衡等因素，综合最优选择适合本系统的温差。

2. 输配系统

输配系统是区域供冷供热系统的动力源，输配能耗是区域能源系统能耗的重要组成部分，区域供冷供热系统常用的输配形式主要包括一次泵系统、二次泵系统和分布式变频系统。输配系统的设计有如下特点。

（1）可持续运营的输配方式。合理的输配系统设计的前提是准确无误的水力计算，在不同的输配方式下，进行平衡率的计算和运行策略的制定，同时进行基于增量的经济分析，结合后期的运营管理方式，选择可持续运营的输配形式，可持续运营体现在系统水力平衡佳、投资优、运营管理便捷。

（2）性能化的管网设计。区域供冷系统的区域化特点是去管网系统投资多、输送距离长，普遍存在水泵能耗高、管网的冷/热损失大的问题。管网是区域供冷系统能量的载体，管网的合理设计与区域供冷系统的安全、稳定、节能运行密切相关。区域能源系统需要进行"性能化"的管网设计，而非"比摩阻"的单一控制设计。管网设计包括以下三个方面。

①路由设计：基于项目定位、建筑结构设计、功能和用户需求，确定管网的路由，与周围建筑物协调。

②尺寸设计：在路由确定的基础上，结合详细的水力计算，局部调整管网的走向、动态设计管网的尺寸和布置。

③保温设计：区域能源系统的输送距离较长，通过管道保温厚度的设计挖掘节能潜力，在满足规范标准的前提下，进行经济计算，确定最优的管道保温厚度。

四、冷却系统

区域能源系统的冷却系统是热量"移位"的载体，无论是冷却塔冷却、还是热泵（江水、湖水、地源）冷却，冷却系统运行的稳定性、节能性、可持续性都与整体系统高效节能运行相辅相成。冷却系统的设计包括以下方面。

1. 因地制宜

冷却系统的设计需要结合项目所在地的气候特征、资源条件，因地制宜进行设计，具有独特性。若采用冷却塔冷却，需要以室外环境的湿球温度、风向玫瑰图等气候条件为前提，配置设备容量、确定设备方位。若采用热泵形式，均需要进行地质资料、水源资料的勘查，包括介质质量、温度、供应量、供应周期及换热量等物性参数。

2. 系统化设计

冷却系统不只是单一的冷却设备，而是主机设备的换热器、输配（冷却泵）和冷却设备（冷却塔等）的一体化系统，是冷却系统高效，而不是冷却设备高效。需用系统化的思维进行冷却系统设计，结合主机的形式、机房与冷却系统的相对位置、冷却介质的物性参数等确定冷却温度、温差。例如，当主机形式为溴化锂吸收式冷水机组时，冷却水的温差要大于主机形式为离心式冷水机组的温差。

3. 前瞻性设计

冷却系统的冷却设备和冷却热源多为外露型（冷却塔）和隐蔽型（地源、水源）。外露型的设备设施经过常年的风吹日晒，设备容易老化、性能衰减；隐蔽型的设施和工程，维修代价大，甚至无法维修。区域能源系统的可持续性运营需要用前瞻性的思维进行冷却系统的设计，在设计阶段，甚至规划阶段，做好应对冷却系统在不可抗力的情况下出现冷却性能逐渐衰减的对策，并预留相应专业（建筑、结构、配电）进场的空间和施工界面。

4. 最优化控制

冷却系统的控制主要包括冷却水泵的变频控制和冷却塔风机的变频和台数控制。在冷却系统控制策略中，不能单纯追求冷却系统的能耗降低，应将冷却塔的能耗、冷却水泵的能耗和对主机效率的影响三个因素综合，进行最优化处理，将系统整体的能耗控制到最低。

五、末端的连接方式

末端设施是区域能源系统的终端设备，与常规的暖通空调系统无区别，末端设备选用参数需要与系统设计参数一致。鉴于区域能源系统的规模化，末端设备有两种不同的连接方式，一种是直接连接，另外一种是间接连接（通过板换机组将能源站与末端设备间接连接），两种连接方式的优势与劣势如表 5-1 所示。

表 5-1　末端设备不同连接方式的优势与劣势

连接方式	优　势	劣　势
直接连接	1. 系统形式简单，节省投资； 2. 系统无板换温损，利于提高设备能效； 3. 减少板换阻力件，降低输配能耗	1. 水质控制难度大； 2. 末端管道系统的复杂增加系统的水利平衡难度

续表

连接方式	优　势	劣　势
间接连接	1. 系统水质控制便捷； 2. 通过板换连接，利于系统的水力平衡； 3. 有高层建筑的区域，均衡系统承压，降低区域能源系统的设计压力	1. 系统复杂，增加投资，同时需加大安装空间； 2. 系统有温损，牺牲设备能效满足末端需求； 3. 阻力件增加，提高了输配能耗； 4. 增加了故障点，加大维护及维修成本

应根据不同的能源形式、业态及建筑特点，采用合适的连接方式。

1. 系统化思维

末端连接是区域能源系统的重要组成部分，不能脱离系统而单独设计，需要整体规划，系统化设计。结合建筑的特点、技术路线、经济分析（经济输配温度、输配能耗等），确定连接形式，做到早规划、早预留，并为水力计算提供边界条件。实际应用时避免出现系统压力过大导致设备承压不够、无板换安装空间、过滤设施不全面、缺少水力平衡装置等问题。在供能区域中，高低楼层相差很大，可以通过两种方式结合的方法，高层建筑采用间接连接，低层建筑采用直接连接。

2. 扬长避短

直接连接和间接连接具有各自的优势和劣势，在选择末端连接方式时，需要扬长避短，采取有效措施来解决相应的弊端。当采用直接连接时，应采取相应的措施解决水质问题和水力平衡问题，如检查客户末端的空调系统竣工验收是否合格，检查空调水系统阀门、管道水压试验是否合格，管道冲洗是否合格等。当采用间接连接时，需要进行输配温差校核，做好换热机房预留，制定后期运营维护维修的策略等。

3. 整体责任

无论选用直接连接还是间接连接方式，应考虑整体的利益和保证使用。在很多案例中，很多项目单纯从责任划分的角度来确立末端的连接方式，造成了后期运营的困境。作为能源服务运营方，末端虽然为用户自己建设，但是末端系统的故障，可以反过来影响到整个 DHC 系统的运营。所以在 DHC 末端技术路线选择上，我们应跨越责任的界限，从保证整个系统运行的稳定性、水质的稳定性和热量的传递属性的角度来确定末端方式，并设置保障的措施。例如连通管装置、旁通管装置、过滤体系和水处理装置等。

4. 末端连接制度

为了跟末端顺畅地连接使用,除了设置有效的连接装置,更应该建立完善的接入保障制度。例如建立末端系统设计审核制度(审核设计参数、承压等级和系统形式等)、建立末端清洗制度和压力实验制度等,保证末端安装质量。

六、计量系统的选用原则

秉承可持续经营的技术理念,计量系统在 DHC 系统中尤其重要,它是与客户进行贸易结算的依据,也是能耗管理的依据,同时也是智能控制系统感知末端参数的依据。传统的计量系统仅仅作为贸易结算的依据,是比较独立的系统,而在 DHC 系统中,我们赋予了计量系统更多的含义。

首先,计量系统是与客户进行贸易结算的依据,所以必须选择有公信力的计量器具和数据传输系统。同时,计量系统也延伸到客户服务领域,参与客户能耗管理、故障排查和远程控制等。能耗管理平台充分利用计量系统的数据共享,根据末端流量、压力、温度等参数,来检查管网系统的健康性、水力平衡的最不利环路控制和伴随负荷变化的调节等。所以,科学建设完善的计量系统,也是 DHC 系统中关键的一环。

能源站用户计量系统随着能源站的建设和用能客户的发展而发展。它标志着一个能源站设计水平科学性及合理性的高低。随着区域性供冷供热事业的不断发展,计量系统的重要性已远远超过了度量衡的范围,进一步显示着区域性能源站的节能性。

通过建筑安装分类和分项能耗计量装置,采用远程传输等手段采集能耗数据,实现建筑能耗在线检测和动态分析功能。

能耗计量管理系统是为了实现在生产过程中对能源的规划、计量、分析、调度等进行实时监控的能源综合管理系统,同时作为一种管理工具和手段,利用能耗计量数据的采集、诊断、分析,实施有效管理,指导建筑能源的利用,达到节能降耗的目的。计量系统的选用原则如下。

(1)热量表的选用原则。热量表必须符合国家相关标准的规定,如果作为贸易结算依据,还必须获得《计量器具型式批准证书》。根据流量选择热量表规格,而不是根据现场管径选择。根据使用要求选择热量表类型和结构形式。

（2）系统架构的原则。为便于系统管理和维护，系统架构至少应采用现场设备层、数据采集层和管理层的三层架构。

（3）通信的选用原则。系统主干通信优先选用以光缆为媒介的 TCP/IP 网络。仪表优先选用标准的 Modbus 协议和 RS-485 接口。

（4）管理系统平台的原则。系统平台优先选用 B/S 架构，并提供接口给第三方系统集成访问数据。系统软件至少应具有数据采集、实时显示、能耗报表、用户权限、报警管理等功能。

七、水力平衡的控制

确保暖通空调系统的水力平衡，避免因水力失调而引起冷热不均，影响室内环境的舒适性，同时影响系统的运行成本，这也是行业的难点和重点。基于 DHC 系统规模化、集约化的特点，系统水力平衡的控制显得尤为重要。DHC 系统中，由于管网在长度和复杂性方面都超过普通系统，水力平衡是 DHC 系统成功的关键之一。水力平衡控制的原则有以下四点。

（1）动态控制。DHC 系统是一个动态多变的系统，用户的负荷需求与入住率、气候条件和用户的用能习惯等多种因素相关。由于用户的需求是动态的过程，系统是一个耦合的系统，一个环路的变化会引起其他环路的变化，水力平衡的控制一定是一个动态的控制过程，而不是一成不变的。

（2）能量控制。需要确保每个环路都能获得所需要的能量，实现变负荷工况下各个分支环路的冷（热）量供需平衡和空调效果均衡，并有效降低空调系统能耗，提高系统运行的经济性。

（3）系统控制。终端负荷的动态变化，水系统总流量的需求也可能发生变化，因此，水力平衡应是对系统的控制，只有对系统总流量进行动态调节，才不会造成能量的浪费。需要根据负荷侧水流量的变化，动态调节冷源侧的水流量，使其及时跟随负荷侧的水流量而变化，尽快实现水流量在总体上的平衡，以减小负荷扰动所带来的水力工况波动。

（4）水力平衡的措施。首先在设计中进行详细的水力计算，进行合理的路由设计和管径选择，从设计上保证系统的水力平衡。针对 DHC 水力平衡的特点，利用能耗管理系统实时监测最不利环路的变化。利用智能控制平台，建立整个环路的水力模型，根据实时监测的水力变化情况，调节末端控制阀门，保证整个管网的水力平衡。

八、建筑条件

1. 机房的位置选择

机房通常有独立建设和附建于其他楼栋之中两种建设方式。机房的选址尽可能地设置在负荷中心，为节省输配投资和节能创造基础条件。同时需要密切结合项目的特性（如定位、业态、建设时序等）、建筑、结构和机电等条件，兼顾冷却塔、吊装孔、泄爆口、烟囱、地埋管（含窗井）、取退水管等机房建筑外的设备设施和附件的设置，确定机房的位置。机房的选址是多项因素协同的产物，以满足 DHC 所涉及的各个专业的相关的标准规范为前提，同时确保 DHC 系统稳定、安全、高效、可持续运营。

2. 机房的布置

机房的布置是 DHC 设计的重要一环，是 DHC 系统的直观展现，遵循以持续经营指导设计的原则，确保管路内流体特性佳，施工还原设计的可行性，系统运营的便捷操作性、分期建设的可实施性。

（1）分区明确、功能齐全。系统内功能分区必须包括具备维修空间的设备区、运输通道（涵盖机房内的运输通道，设备进入机房的楼梯、货梯或者其通道）、配电房、配套用房（监控室、维修间、休息室、仓库，根据需要设置卫生间）、人员疏散路径等。

（2）分期投入建设的可行性。DHC 系统受开发时序、市场变化影响，负荷发展期往往会在 3 年以上，机房的布置需要考虑设备分期投入和建设的可行性，预留可拓展的空间。

（3）多专业协同提资。统筹考虑系统所采用的上位能源的接入空间和时间，协同机房内电气、结构、给排水、通风的需求，进行机房设备及管道的布置。

（4）管道布置简洁实用。尽量短直、减少交叉。合理布置管线上的阀门及管道附件，方便操作和检修，且预留 DHC 自控系统的实施接入端口和实施界面。

九、供、配电

区域能源站无论采取何种技术路线，都离不开供、配电系统。传统设计中，根据工艺专业提供的设备电力负荷进行供配电设计，两个专业具有相对独立性，缺乏相应的联系配合，造成后期运营配电系统的难适配性和浪费，所以在配电设计中应综合考虑以下几个原则。

（1）充分考虑工艺系统的运营策略，合理地配置所有设备对应的变压器系统，使系统在不同的运营策略下，达到配电系统的效率最高。

（2）充分考虑项目所在地的电力政策，例如高平谷、座机费、过渡季节报停等综合因素的影响。

（3）充分考虑区域能源站分期投入的特性及配电系统的适应性。

（4）充分考虑辅助设施用电的合理性。

综上所述，供电设计应以能源站工艺专业为主导，在保证用电安全的基础上，充分考虑后期运营对供、配电系统的要求，设计满足各种需求下的最优化配电系统。

第三节　控制技术

区域能源系统是具有时变特征的能源系统，系统投入使用后，面对区域能源系统，传统的控制手段不能满足区域能源的运行要求。面对复杂多变的负荷需求、海量的监控数据和众多的大型设备设施管理，简单的人工手动控制、独立的设备调节和反馈的控制策略均感到举步维艰。为了保证系统的健康性、运行的节能性，基于 5G、大数据和人工智能技术的智能控制平台成为迫切需求。

以"互联网 +"为方法的智慧能源是"十三五"规划提出建立现代能源体系的发展方向和趋势，中电节能至今已累积了超过 10 年的各能源站真实、有效、丰富的 DHC 运行数据，建立了精准、完备的数据库及分析评价体系，并利用大数据和云计算工具在公司和云端建立了智慧能源云中心，使 DHC 产业迭代至智慧能源，建立 DHC 大数据生态链引领产业发展，用于日常生产经营活动的管控与逆向优化设计。

一、控制系统在 DHC 的重要性

区域能源系统的复杂性、高能效需求和庞大时变的末端状况，决定了控制系统是 DHC 不可或缺的部分。

（一）复杂性

1.DHC 系统的复杂性需求

DHC 系统不是简单的设备数量增加、设备容量增大，不是不同技术路线的简单组合，而是基于区域内的能源资源条件和用户的需求特征的能源高效利用系统。在 DHC 系统中，可能有两种、三种甚至更多上位能源——电、水源（江水、污水）、地热源等。多种的上位能源决定了系统的技术路线多样。即便是仅仅采用电力为上位能源，根据项目所在地的相关电价政策，从用户需求出发，以项目的可持续运营为指导，以系统的节能高效为目标，也可采用不同的技术路线——常规离心式冷水机组、磁悬浮冷水机组、冰蓄冷系统等。系统复杂性仅仅通过手动、电气仪表调节已经无法满足系统调节、调度需求，需要辅以控制系统来确保系统的稳定安全运行。

2.DHC 系统供应业态和客户需求的复杂性

DHC 系统的特点之一即为区域化，DHC 系统的服务业态不再是单一的，而是集办公、住宅、商业、娱乐、餐饮、酒店、文体以及特殊业态（数据机房、图书馆）等为一体的综合体系，不同业态对能源的需求（能源使用时间、能源的使用品质）各有不同。不同的使用单位和群体，对能源的需求也是千差万别。需要利用控制系统，时时掌握终端用户的需求，并调控系统以满足这些需求。

3.DHC 运营维护的复杂性

DHC 系统本身固有的技术路线复杂、服务对象多样、服务区域化的特点，使系统运营维护的难度随之增加，如何确保复杂的系统和多样的设备处于健康状态，并且高效运行，同时满足不同负荷状态、不同气候条件下的用户需求，通过机械地记录全年的开关机状态、设备参数点不能有效地达到需求标准，需要利用控制系统，进行系统化、专业化的数据分析、数据耦合和数据挖掘，指导制定运营策略。

（二）高能效需求

能源是人类社会生存及发展的物质基础，我国目前面临着能源消耗高、环境压力大的发展制约。世界能源平均利用效率高于 50%，我国不足 40%；我国单位 GDP 能耗是世界平均水平的 2.5 倍。控制能源消费总量，避免能源浪费成为我国能源战略的重要组成部分。"十三五"规划指出，2020 年，我国能源年消费总量要控制在 50 亿吨标准煤以内。

DHC 系统能够满足特定区域内终端能源需求，通过合理用能、集成用能与整合可再生能源，以实现区域节能减排为目标。高效的控制系统是提高运行能效、降低运行能耗的重要手段。通过分阶段（设计阶段、运行阶段）地运行智控系统，达到节能减排的目标。

1. 设计阶段

通过设计阶段的分析与论证，依托大数据建立负荷分析模型、能耗预测模型、水力平衡模型，以相关规范标准为参考，设置高标准的指标参数，使得设计趋近于实际。通过分析模型，模拟不同边界下（不同入住率、不同负荷状态、不同气候条件）的运行性能，并结合技术经济指标，制定运行控制策略，形成耦合的闭环控制方案。

2. 运营阶段

在项目投入运行后，实时分析各项用能状态，结合入住率、用户用能习惯，进行运行能耗分析，挖掘潜力。根据系统的实时变化，控制策略也要相应调整，对控制系统的逻辑及参数进行适当修改，并对终端用户进行系统检测，按需控制，动态调整控制策略。

（三）全生命周期的动态变化

全生命周期是在全面运用多学科知识的基础上，重视对建设投资、未来运营负荷的预测与分析，重视全运营成本（燃动成本、折旧成本、维护保养成本、工资成本等）的分析，注重管理学理论的系统、综合与集成，其核心内容是对拟建工程进行全生命周期的成本分析计算，据此对项目进行科学的决策、合理的设计、正确的计划与管理等活动。

DHC 系统注重的是全生命周期的服务，在全生命周期内是动态变化的，园区的运营方式（出售、租赁或者委托运营）、用户形态（如办公可能变化为公寓式办公）、上位能源资源（上位能源受国际国内环境的影响，其供应量、价格、结算方式都不是一成不变的）、设备和系统的性能（如放置在室外的设施设备，经过长时间的风吹日晒，其性能必然会受到影响）均在动态变化，需要利用自控系统，在大数据的基础上，实时跟踪变化，并采取措施应对变化，确保 DHC 系统可持续高效运营，让系统的运行透明化，而不是凭着感觉判断。实际工作中要注意以下几点。

①弥补运营人员的专业素质差异与工作效率差异。

②提高系统及设备的运行质量与全生命周期的时间长度。

③能满足用户需求、减少运营维护成本、节能降耗、增加经济效益。

④提高管理效率，降低管理成本。

⑤逆向优化设计。

二、DHC 控制系统的特点

DHC 系统都是"独一无二"的，技术路线复杂、系统服务区域化、服务群体多样化（业态、需求等），基于 DHC 系统的 DHC 控制系统的特点主要体现在四点：①它是不可复制的控制系统；②它是控制系统与末端计量的融合；③它是自适应"延迟"的控制系统；④它是自耦合的控制系统。

（一）不可复制的控制系统

DHC 系统是系统化的思维，多样化的设备设施形成了不同的环节，有的是冷热源环节，有的是输配环节，还有的是末端环节，不同的环节之间具有相互的逻辑关系和联系，形成了系统。DHC 系统与项目背景、能源禀赋、客户需求等密切相关，其技术路线、运营方式、商务模式也不具备复制性。因此 DHC 的控制系统也是独立创新性的，是不可复制的。表现在以下方面。

1. 控制方法不可复制

DHC 系统本身的复杂性（多能互补、设备多样）、DHC 系统供应业态和客户需求的复杂性（业态多样、需求多样）、DHC 运营维护的复杂性（末端处于时变状态），决定了 DHC 系统的控制方法是不可复制的。不同的 DHC 控制系统的控制方式是不同的。有的项目需要以温度进行控制，有的项目需要以流量进行控制。

2. 控制需求不可复制

有的项目是需要以某一种系统类别的能效最高作为控制目标，提高某一系统类别的能效，以节约运营成本；有的项目是以末端的耗能和 DHC 系统的能耗平衡点为控制目标，实现节能增效。由于需求的不同，控制需求不可复制。

（二）控制系统与末端计量的融合

计量系统在 DHC 系统生产运营中起着至关重要的作用。计量系统是 DHC 系统提高经济效益的重要手段。在大部分能源站建设中，并没有把计量工作作为改善经营管理、提高产品质量、推动技术进步的基础工作来抓，使得贸易结算不清晰，收费的合理性频受质疑，最后影响了 DHC 系统的可持续运营。

同时，在很多项目中，人为把计量系统和控制系统分开，数据库无法共享。计量系统侧重于计量数据的搜集，控制系统侧重于状态变化参数的监测，需求完善的计量系统应综合分析计量系统和控制系统，共享数据，使资源合理有效地配置，避免资源浪费，降低了原材料和能源的消耗，提高了 DHC 系统的经济效益。

DHC 控制系统与末端计量系统相互融合，能效数据与控制系统进行实时交互，便于实现能效的全局优化控制。

（1）资源共享。计量系统的数据与自控共享，可以充分利用现有资源，避免重复投资，同时使自控系统的监控范围从能源站内延伸至客户末端，更有利于全面掌控实时负荷，从而更精准地调控设备运行，节能降耗。

（2）联动控制。结合能耗计量系统、健康检查系统和整体优化控制系统进行 DHC 系统自动控制，在多用户、多业态间实现空调负荷与系统节能运行相匹配，真正做到按需供能，降低能源消耗、减少浪费。同时，专业化的运营管理团队可以根据实际运行情况的变化实时调整运行策略，降低运营管理成本，提高空调运行能效。

（3）功能延伸。与自控系统结合，增加末端计量系统阀门控制手段，与自控系统的水力平衡模块结合，实时监测最不利环路，调节末端流量，完成水力平衡的控制。与控制系统中健康检查模块相结合，检查末端的健康状态，保证能源的输出能力。

（三）自适应"延迟"的控制系统

空调系统的运行参数随着全年的气候和使用要求而变化，例如，冬季需要供热，夏季需要供冷，全年 24 小时供冷等。这些均属于前馈控制，且需要与之相应的条件，转化成为全年工况的边界条件。

DHC 系统是规模化、区域化的供能，其热容量大、热惰性大，热力特性是一个缓慢呈现的过程。系统对末端用户的室内温度变化的反应会出现显著的时间延迟，这与 DHC 系统是以满足用户需求为出发点相矛盾，需要借助 DHC 控制系统来化解"延迟"矛盾，提高系统的适应性、响应速度、抗干扰能力及稳定性。

（1）逻辑分析。DHC 控制系统的关键点并不在于模糊和自适应运算和处理的方式，而是在于取得大量参数信息后，如何确认这些参数的内在联系，以及如何将这些内在联系反映到控制系统的输入和输出的关系之中。计算机本身不具备人的思维能力和自适应、自学习、综合等能力，DHC 系统需要对参数进行逻辑关系分析，对 DHC 系统实现自适应。

（2）局部控制到全面控制。减少系统的运行能耗，提高室内人员的热舒适性以及满足室内的空气品质，一直以来都是空调系统控制研究的热点。在空调系统的控制中，优化控制的目标通常为系统能耗的最小化，室内舒适健康环境的最大化。节能优化控制中通常要考虑千变万化的室内和室外条件以及空调系统本身的运行特性。与局部控制相比，节能优化控制考虑得更全面，涉及的设备更多，也更加复杂，通常利用各设备之间的相互关系，将各子系统的相关变量联系起来，对整个系统的能耗进行优化，同时保证室内的舒适性。

（3）输出侧与需求侧匹配。将 DHC 系统服务范围内的建筑逐时负荷需求转换为系统的逐时出力，作为制定运营策略的基础。

（四）复合式系统中自控的耦合

在对系统运行进行控制优化前，应确保系统的硬件设计满足基本的控制要求。当系统硬件设计满足基本的控制需求且不发生变动时，影响系统运行性能的因素主要来自系统的各相关参数的设定值。在系统运行过程中，可以通过对各相关参数的设定值进行在线优化，实现节能的目的。

DHC 系统是复合式系统，各设备和各系统之间需要进行耦合。

系统设计之初，提出以提高运行能效为目的的运行调控策略，并通过与之相匹配的系统措施（技术、流程、设备）使其"落地"，如符合负荷分布特征的主机台数与容量匹配，降低"大马拉小车"式的系统划分，能正确反映被控参数变化的传感器设置以及智能控制系统等。

以冷却水系统的控制为例，冷却水系统是连接制冷主机与塔风机的热量转移通道，冷却水泵为冷却水循环运动和塔风机布水器喷淋提供机械动力。本装置根据冷却水的进、出水温差控制冷却水的流量。

当冷却水流量和塔风机散热量都恒定时，冷却水的进、出水温差将随着制冷机组排热需求量的变化而变化。用安装在冷却水进、出水管道内的电阻式温度传感器实时检测进、出水温度并将之送至智能控制器的模拟量输入模块，作 A/D 变换和滤波处理。智能控制器的 CPU 单元采集进、出水温度，按控制器内建的节能控制算法计算出当前水泵的最佳工作频率，经模拟量输出模块送至冷却水泵变频器。变频器控制电动机，冷却水泵组件变频调速运行，改变冷却水流量，进而实现进、出水温差下变流量节能运行。

冷却水泵变流量运行在一定的允许范围内进行，扩大冷却水进、出水温差时，以冷却水出水温度为基准条件，不会影响制冷机组的安全高效运行。变流量控制保证各并联工作的冷却水泵在同一频率下运行，不会影响冷却水管路原有的水力平衡状态。

用安装在冷却水进水管内的电阻式温度传感器检测冷却水进水温度，并将之送至智能控制器的模拟量输入模块，作 A/D 变换和滤波处理。智能控制器的 CPU 单元采集冷却水进水温度，按设定的进水温度值和控制器内建的节能控制算法，计算出当前风机的最佳工作频率，经模拟量输出模块控制塔风机的转速，从而使风机实现稳定进水温度下的变风量节能运行。

三、对区域能源控制技术的概述

区域能源控制技术是以区域供冷、供热及能源站设备自动化控制和管理为目的，集健康检查、水力平衡、智能控制、能耗管理、优化运行、节能增效为一体的全面解决方案。在多用户、多业态间实现空调负荷与供能能力的实时智能调度，真正做到按需供能，降低空调能源消耗、减少浪费。实时反映设备和系统健康状态，并进行运营维护，不仅可降低区域能源系统全生命周期的能耗，而且降低系统的维护维修成本。

区域供冷系统的区域群体性复杂，楼栋多、设备多、管线长，水力平衡和局部堵塞对系统的影响大，实际应用时应找出影响区域供冷系统节能的各种因素及其之间的关系，整合体系，从体系着手，采用全面的系统节能模式，对各因素加以协调和优化，使得系统的能耗达到最小。可采用"人技合一"节能法、静态节能法和动态节能法，使得区域供冷系统的节能空间得到全面挖掘，且不留死角、节能量大。

区域供冷系统的自控系统具有以下特色：信息共享、集成度高、造价低，不仅能使主机、冷冻水系统、冷却水系统、水力平衡等实现各自最佳单元节能。同时，按照互助互补的原则，整合各单元，打造成一个全新的、高层次的整体自控节能系统。

第四节　运营技术

运营就是对事物过程的计划、组织、实施和控制，是与产品生产和服务创造密切相关的各项管理工作的总称。从另一个角度来讲，运营管理也可以指为生产和提供公司主要产品和服务的系统进行设计、运行、评价和改进的管理工作。企业核心业务少不了运营，运营为企业所处阶段的主要任务赋能，再打通所有业务，使得各业务能够串联起来，让其良性发展。

（1）全过程参与，前置策略。以投资、建设、运营三权分立的方式，以可持续经营与发展为原则，全过程参与项目的规划、设计，设备材料采购，施工建设，竣工验收及运营管理，将运行策略先行导入至实际运营的前置所有环节和阶段。

（2）以数据为支撑，密切关联控制系统。以真实、有效、丰富的 DHC 运行数据，建立精确、完备的数据库及分析评价体系，为系统制定运营策略提供数据支撑。

（3）螺旋式上升环路思维。用实际数据修正理论偏差，实现持续改进、提升的螺旋式上升环路思维。

（4）逆向反馈。无论是规划、设计还是施工，都要尽量贴近实际。"运营"是置身于实际中的，系统大大小小的问题都会暴露在此，需要通过对运营中出现的问题进行分析、总结，并反馈至上游的阶段，让规划、设计和施工趋近实际，从源头避免问题出现。

一、从设计与实际运营的状态点"移位"

DHC 系统是一个项目运营服务体系中的子项，从开始规划到实际运营的时间周期受项目周期及项目所在地的政策影响，甚至受国内外经济和环境等因素的影响。DHC 系统从开始规划到落地，需要经历比较长的周期，基本大于 5 年。例如，中电节能的武汉北辰光谷里项目，2013 年进行 DHC 规划，2016 年完成施工图设计，2019 年完成项目的施工，2020 年系统正式投入运营，投入运营之后，项目的入住率也需要经历一段时间才能达到预期状况。鉴于上述分析，在实际的运营中，从设计与实际运营的状态点"移位"，通常体现在技术路线、设备容量、计量方式和控制系统的变化上。

（1）技术路线变化。随着时间的推移，项目招商的方式、上位能源的条件也会发生变化，以项目的稳定性为前提，并通过全生命周期的经济分析，甚至会改变原设计的技术路线。

例如武汉光谷软件园五期项目，设计的冷源为 2 台离心式冷水机 +2 台溴化锂吸收式冷水机组 +1 台螺杆式冷水机组，首期投入的设备为 1 台离心式冷水机 +1 台溴化锂吸收式冷水机组 +1 台螺杆式冷水机组。由于武汉光谷软件园五期位于蒸汽输送管道的末端，随着蒸汽管道沿途用户的增加，其末端用气捉襟见肘，蒸汽品质无法满足 DHC 系统的需求，影响项目的稳定供能。当 DHC 系统二期投入设备的时候，便将 1 台溴化锂吸收式冷水机组更改为相同制冷量的离心式冷水机组。

（2）设备容量的变化。DHC 系统的服务对象、业态及入驻客户会发生变化，不同的业态和客户会带来建筑功能的变化，进而就会影响项目的负荷需求，负荷或增大、或减小。若负荷的增大已经超出设计段相应措施的控制范围，则需要更改设备容量。这需要运营人员用技术手段对终端用户的变化做精细准确的调研，指导更改设备的容量。

（3）计量方式的变化。项目的招商形式可能会发生变化，由租赁变为出售，由代为运营变为自持，将大开间隔断为小空间等。计量方式会由能量计量收费变更为时间计量收费、面积收费或者其他包干形式。面对计量方式的变化，需要通过运营技术满足用户的需求，同时提高系统能效，实现节能增效。

（4）控制系统的变化。若系统的技术路线、设备容量、计量方式发生了变化，相应的控制系统也会发生变化，需要提出与实际相符、行之有效的运营策略，通过控制系统得以实现。

DHC 系统就是闭环动态变化的系统，在其运营过程中，需要通过过硬的运营技术应对其动态变化，同样，技术路线发生变化也会带来建筑、结构、机电条件的需求变化（如配电容量的增加，设备吊装尺寸的增加、结构的加固等）。

二、运营数据的分析对设计的影响

前文已经阐述，运营技术的重要作用之一便是逆向反馈，尤其是对设计的反馈显得尤为重要，通过源头解决运营中的技术问题，提高系统的稳定性及能效，提高运营的便捷性，进而提高生产力。需要说明的是，DHC 系统是多个专业进行的协同设计，运营对设计的反馈，不仅仅包括暖通方面，还包括给排水、电气、建筑和结构等。表 5-2 为中电节能在运营中对设计的反馈汇总。

表 5-2 运营对设计的反馈

运营系统	反　馈
冷却水系统	多塔并联后，供水、回水、补水平衡问题
	检修平台联通问题
	冷却水回水总管过滤器（除污器）堵塞问题
	建议采购选用自带立管的冷却塔，冷却水供水支管直接接入塔底法兰
	冷却水上水管内壁锈蚀问题，建议使用镀锌管或塑料管
	冷却塔安全防护问题，建议设计塔顶护栏、踢脚板、爬梯护圈、检修通道护栏
	冷却塔风机接线桥架路由问题
	冬季室外管道排水防冻问题
	冷却水系统大流量补水问题
冷冻水系统	冷冻水系统大流量补水、排污问题
	供能采用大流量还是小流量的问题
	各水泵、板换、主机设备进出水软接拉伸爆裂问题
	系统主管道支架强度问题
	各楼栋及二次板换水力平衡问题

续表

运营系统	反　馈
冰水系统	开式系统管道空管及排气问题，应尽量使所有管顶低于冰池液面
	管道防腐问题，建议开式系统内都尽量使用塑料管
	溶液回收问题
	冰池清洗、排污问题
蒸汽系统	机械减压阀动作频繁，膜片使用寿命短，建议使用电动调节阀
	蒸汽管网进站总阀前用凝水收集器集中疏水，保证进站蒸汽足够干燥
	总阀小流量暖管极易损坏，建议并联两个小口径球阀，一个常开，一个用于调节暖管
庭院管网系统	直埋管排污、排气小管锈蚀防腐问题
	架空管排气阀、排污阀、联通阀位置问题
	蒸汽直埋管疏水阀、排污阀泄漏、维修问题
电力系统	能源站是否有独立的高低压计量手段和户头
	高低压电容补偿柜自动投切问题
	配电房降温问题
	高压柜整定值是否合理且充分
	电缆两头标识问题（设备端及电柜端应标明电缆规格、线号、接驳位置）
	小负荷下变压器报停减损及设备整合问题
	低压断路器最大载荷是否足够（必须考虑极端高负荷情况）
	建议增加门禁红外报警系统，作为对重要出入口视频监控的补充
自控系统	增加设备维护保养到期提醒系统
	建议增加部分长期不动作的阀门自动盘车功能（以权限确认为前提）
	反梁内部应放坡及预留排水管，方便清洗排污
	高空阀门旁应设计检修操作平台

续表

运营系统	反馈
其他内、外部条件	站内各开式水箱绝对水位高度应尽量相同，避免漫水
	站内蒸汽疏水阀及排污井上方应设抽风，降低站内湿度
	站内排水沟及集水坑联通问题，建议提高集水坑容量，且应考虑大流量排污及个别集水坑潜污泵损坏及备用情况
	排污泵等辅助设备应便于检修，优先选用液下泵或自吸泵，周边预留足够空间
	外部运输通道（考虑大型吊车及平板车转弯半径）及吊装口附近地面承重载荷问题
	吊装口防涝、采光、盖板开启结构问题
	能源站是否有独立进出通道及厕所等生活设施问题

三、运营策略和运营数据对自控的影响

运营策略是智能化系统控制策略制定的基础依据。智能化系统利用智能设备、现代采集及通信技术、存储技术、分析挖掘技术将运营策略完全复刻到智能化系统中，使智能化系统成为运营策略的现实载体，控制 DHC 系统设备完成运营目标。

通过自控系统采集、显示、汇总、记录运营数据，优点在于可以大幅提高运营人员的工作效率，提高数据准确与精确性，保证不同物理空间数据在时间维度采集的一致性、历史数据的安全性。简单地说就是可以有效保证数据的质量和样本量，为自控系统进一步对 DHC 系统运营维护服务提供可靠的数据资源。对于 DHC 系统而言，运营数据的作用主要体现在自控系统在 DHC 系统运营策略的基础上，对控制策略制定、改进和优化提供依据，以使控制策略的结果向运营策略的目标无限接近。

自控系统除了满足基本的使用功能外，还有一个重要的任务就是通过自控系统实现最优化的控制。所谓最优化，指的是在自控系统的基础上，增加人为干预的功能。因此，最优化运行控制需要运行管理人员来实现。

好的运营技术，高素质的运行管理人员，是 DHC 系统正常运行和实现节能运行的

基本保证。大量记录的年复一年的运行数据，为运行管理和优化策略提供了数据基础。

（1）运行管理人员在工作中尽可能多地收集暖通空调系统的运行数据（目前已经很方便），并通过分析来积累，为以后的优化运行提出建议性措施。

（2）暖通空调设计人员主动参与运行数据的收集、整理与分析工作，可对自己设计项目的实际运行情况有一个更深入的了解，为提升设计水平建立良好的基础平台。

（3）将控制系统变为真正的"调适"，而不是"调试"。

四、运营技术在设备维护保养中的作用

DHC 系统的设备可以比喻为系统的"五脏六腑"，设备健康高效的运行是 DHC 系统高效运行的前提和保障。

设备的维护是为了恢复或改善设备性能而实施的技术活动，保养则是为了保持延长或改善销毁设备的机械性能而实施的技术活动。维护及保养的作用可以概括为增加利润、节省材料、延长设备的使用寿命、减少维护费用、避免事故。维修是设备顺利工作的重要保障，可以说，随着维修技术的提高和进步，可以确保设备无故障运行，保证设备处于良好的工作状态。通过日常的检测及保养，可以大大降低设备的故障率。

1. 设备维护保养数据化

针对设备设置详细的档案，涉及运行时长、设备的效率、设备的运营维护等相关参数。设备的状态通过数据展现，而不是"一刀切"的到了维护保养季就维护保养，为了维护保养而维护保养。通过运营技术对设备的实际运营数据进行专业的分析，量身制定维护保养方案，分方式、分级别进行维护保养。什么阶段需要进行清洗，何时进行零部件的更换，何时进行返厂，做到有的放矢，数据化地管理设备维护保养。

设备设施档案管理：对设备交付验收、使用、保养、改造、更新直至报废，进行全寿命周期跟踪记录、存档。

设备设施运行监控：对设备使用过程实行实时全程监控及记录，结合生产运行，优化资源配置，提高设备使用效率；同时，制定详细、周全的维护保养计划，进行合理的维护保养，延长设备使用寿命。

设备设施分析评价：研究、构建设备分析评价体系，充分利用基础数据进行分析及

总结。

设备设施维护保养：对供能主机、水泵等设备设施维护、维修、保养、巡检，保证供能主机、水泵等设备设施安全、稳定运行。

安全保护形态可以根据老化原因和安全保护方法进行分类。图 5-1 及图 5-2 展示了不同的老化原因及不同的保全方法。

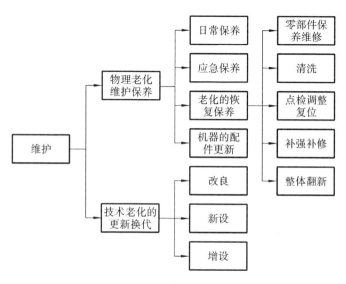

图 5-1 老化原因分类

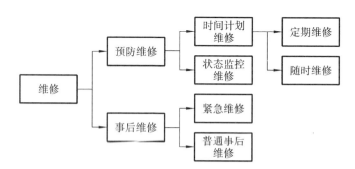

图 5-2 维修方法分类

2. 设备维护保养预测化

通过 DHC 的运营技术，可以预测设备的状态，即为设备的故障进行诊断。如果设备的部件出了问题，有时候会通过显性方式表示出来，发出异响，甚至直接罢工停摆。有时候会通过隐性方式表现出来，但是可以通过其设备档案，进行专业的分析，借助控制系统的数据挖掘工具和平台进行诊断，对其可能出现的问题进行排查，做到预测化维护保养（图 5-3）。能节省维护保养成本、提高设备的健康使用寿命，确保 DHC 系统在全生命周期的高效运行。

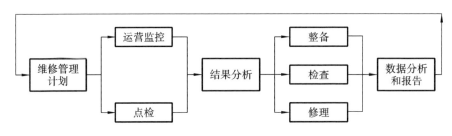

图 5-3　设备维护保养预测

五、运营技术在运营保障中的重要作用

运营保障管理包括两个方面的内容，一方面是安全生产的管理，另一方面是运营的管理，如表 5-3 所示。

表 5-3　运营保障管理

安全生产	对系统安全生产、文明生产、职业健康、消防安全、环境安全进行管理 安全标准化体系建设、安全培训
运营管理	运营生产以稳定供能，对产能达成率、成本控制、运行策略组织制定、现场 5S 管控及日常保全和维护保养工作进行管理

（一）安全生产

必须杜绝运行过程中出现人身伤害事故，必须杜绝重大责任设备损坏事故，应严格控制一般设备事故，应建立健全的、具有系统性、分层次的安全运行保证体系和安全运行监督体系，并发挥作用。

生产安全：有详细的安全管理目标、计划，保障办法、改进措施，并有执行记录。

人员安全：对在岗人员定期进行安全教育培训并做好相关记录。

消防安全：保证消防通道畅通无阻、消防器材配置及检定符合国家规定。

设备安全：采购的设备合格、设备操作说明书完整，操作人员均进行了培训并熟悉操作流程；特种设备及仪器仪表按国家要求进行周期性检定。

（二）运营管理

根据系统与设备的类型、特点，结合用户的空调要求与控制标准、建筑形式与外围护结构的特征、当地室外气象条件等，制定出切实可行的经济节能运行管理制度及优化运行策略。保证暖通空调系统在安全正常工作的前提下，尽量减少系统的冷热损失，提高各设备的工作效率，降低水、电、气等上位能源以及制冷剂的消耗，确保系统节能、经济运行。运营管理应注意以下方面。

（1）注意室内负荷和室外天气的变化情况，及时调节供冷（供热）量，当系统为间歇运行方式时，要结合天气、室内负荷、建筑的外围护结构等情况选定合适的开停机时间。

（2）加强系统的堵漏和保温工作，杜绝跑、冒、滴、漏，维护好管道的保温层，减少热损失。

（3）尽可能使设备在较高效率范围内工作。

（4）合理搭配运行的设备，使其总容量与所需提供的冷（热）量、水量、压力相匹配。

（5）对于一塔多风机配置的矩形冷却塔，要根据室外气象条件决定投入运转的风机数，在保证冷却水回水温度满足冷水机组正常运行的前提下，尽量不开或少开风机。

（6）确保自控系统的良好工作状态，发挥其快速、及时的调控作用。

（7）做好水处理工作，严防腐蚀发生、水垢生成及微生物的生长和繁殖。

第五节　节能增效

DHC 具有单一系统供能负荷高、供能半径大、供能面积大、供能对象数量多、业态不唯一等特点。与规模几万平方米的单体建筑自建空调供冷站相比，由于巨大的建筑面积乘数效应，能否合理地进行项目设计，挖掘节能空间，对项目的工程经济性有显著影响，甚至关系到项目的成败。

DHC 系统的建立与运营维护的初衷是要保障可持续经营。DHC 能源中心的综合运营若不能获得长期稳定的收益，必不能长久。因此，如何保障能源站的稳定运营、节能增效，是一个系统且复杂的课题，本书将阐述如何用多种手段与方法结合，以实现这一目标。

关于 DHC 系统的全过程节能模式主要有六种：静态节能，动态节能，人技合一节能，自控节能，施工节能，运营管理节能。

一、静态节能

静态节能的功能实现途径由逆向设计实现。传统设计单位重施工图静态节能设计，以正向设计为主的模式，满足不了企业对节能、成本和效益的精确追求。在 DHC 系统设计中，通过逆向设计或逆向、正向相结合设计的方式实现节能目标。

主要目标为达到预定成本、系统节能明显、经济效益提高、降低系统初投资四项指标。目标量化的数字要求为：相较传统分散式的中央空调，类比变制冷剂流量多联式空调系统（简称多联机），要求降低系统投资 15% ～ 25%，降低配电报装量 30% ～ 50%，每 10 万平方米降低电力配套投资 550 万元左右。降低机房面积 30% ～ 50%，降低空调系统运营成本 30% ～ 40%。用户空调使用费平均降低 10% ～ 20%，使用户可以享受更安全、稳定、经济、可靠、便利的空调用能服务。

二、动态节能

中央空调节能自控系统是利用系统集成的方法，将智能型计算机技术、通信技术、信息技术与建筑技术有机结合，通过对设备的自动监控、对信息资源的高效管理、对使用者提供充足的信息服务，给建筑物提供安全、高效、舒适、节能的优质环境。

通过节能自控技术的应用，实现对能源中心机电设备、空调（新风）机组以及末端风机盘管的调节和控制，在满足用户使用要求的前提下，最大限度地减少机电设备的耗电量，达到中央空调自控系统节能的目的。

关于 DHC 自控系统，除了带有常规自控系统的控制手段，还需要做到：①开发融入新的优化节能控制策略；②重视对影响全局节能效果的基础因素的调节控制；③做到对整个系统的健康（健康、亚健康、病态）状况精确控制；④重视影响节能控制的重大因素，如水力平衡、变动中的最不利环路，个别空调状况异常的末端用户等。

DHC 系统通过自动控制实现动态节能的主要的方法和手段有以下几种。

（1）挖掘由设计安全系数形成的节能空间。

①冷水机组用电机安全系数为 10%。

②冷冻水泵安全系数为 10% ～ 15%。

③冷却水泵安全系数为 10% ～ 15%。

④末端设备安全系数为 20% ～ 30%。

⑤冷却塔风机安全系数为 10%。

各系统设计存在设计安全系数形成的节能空间，合理利用设计安全系数形成的节能空间，可以进行设计优化、设备选型优化、施工建设优化，同时制定合理的运行策略。化解"大马拉小车"状况，实现节能。

（2）通过监测系统健康检查（主机 COP 衰减与堵塞）形成的节能空间，减缓主机 COP 衰减，清除冷却塔污染，排除蒸发器、冷凝器、过滤器、管道和阀门堵塞后的降耗，使整个系统处于健康状态。

（3）通过优化控制实现节能，按一次能源价格（如天然气价、蒸汽价、电价）和总负荷优选机型和台数实现节能。

（4）冷冻水出水温度形成的节能空间。蒸发器出口温度每升高 1 ℃，冷水主机可以节能 3%，合理控制高蒸发器出口温度可降能耗。结合自动控制系统，对冷冻水的出水温度进行合理控制，形成节能空间。

（5）冷却水进水温度形成的节能空间。冷凝器进水温度每降低 1 ℃，冷水主机节能 3%，合理控制低冷凝器进水温度可降能耗。结合自动控制系统，对冷却水的进水温度进行合理控制，形成节能空间。

（6）寻找冷却塔出口温度优化点，形成节能空间。不同湿球温度及机组负荷会产生不同冷凝器进水温度优化点，保持在优化点运行，实现节能。

（7）改善水力不平衡形式的节能空间。改善各蒸发器之间、各冷凝器之间、各冷却塔之间、各楼栋之间、各楼层之间和各用户之间水力不平衡状况，减少流量，降低能耗。《公共建筑节能设计标准》（GB 50189—2015）中，第 4.3.6 条输配系统中要求："空调水系统布置和管径的选择，应减少并联环路之间压力损失的相对差额。当设计工况下并联环路之间压力损失的相对差额超过 15% 时，应采取水力平衡措施。"

目前，常规空调系统一般运行要求是保证空调系统的正常运行，对水力平衡缺乏调控，水力失衡会导致空调末端设备达不到最佳运行流量，空调管网各环路节点流量不匹配将导致水系统整体输配能效比的大幅度下降，从而导致输配能耗大幅增加。据测试，目前市场上空调系统水力不平衡率达到 28%，甚至更高。因此，对水力平衡进行研究拥有巨大的节能空间。

（8）监测负荷变化形成的节能空间。若冷负荷变化，制冷系统随之相应变化，可通过合理的运行策略，减少能耗。

（9）采用多塔变频运行替代单塔工频运行来节能。例如，一台 30 kW 工频运行塔由两台 30kW 塔在 30 Hz 下运行替代，仅耗电 13 kW，省 17 kW，节能率达 56 %。

（10）负荷一定时，通过冷机及附属设备运行台数优化，实现节能。例如，当冷负荷为 3384 kW 时，1 台主机耗能 865 kW，采用两台主机在 50 % 负荷运行，比 1 台主机在 100 % 负荷运行每小时节能 83 kW，节电率近 10 %。

（11）变频实现大温差、小流量带来的节能空间。

（12）提高水泵效率带来节能空间，进行设备选型时，要求电动机效率应不小于 91%，水泵效率大于 80%，水泵的整机使用寿命应不低于 20 年，且首次无故障运行时间不小于 36000 小时。降低电耗，实现节能。

（13）通过专家节能自控系统协调各单元设备优化运行，提升区域供冷供热系统整体 COP，实现更大节能。

三、人技合一节能

人技合一是静态节能和动态节能功能全面实现的组织保证，主要通过三方面来实现人技结合——专业公司、专业化团队、高素质个人。

四、自控节能

DHC 对自控节能的要求为在确定大型中央空调系统安全供给的前提下，在动态运行过程中，为适应内部负荷变化和外部室外干球和湿球温度变化，通过自控系统调节，在供能与需能平衡条件下，实现在经济效益最大化的同时使能耗最低。

实现动态节能路径主要是实现健康状态下安全供能，可在诸多冷冻水、冷却水供、回水温度和温差等值组合下实现，但不同组合值对实现节能效果影响很大。自控系统的作用就是从中找出最优组合值，在供能与需能平衡的同时，实现经济效益最大时能耗最低。

DHC 自控系统主要组成包括健康节能控制、单元节能控制、整体节能控制。

（1）健康节能控制。自动判断 DHC 各部位及整个系统是否在健康状态下运行。如判断是否正常运行，如果显示问题部位，则采取改善措施。把空调系统从不正常运行状态下解放出来，否则单元节能控制、整体节能控制效果将大打折扣。健康检查是自控节能的基础，它会使自控系统发挥最大节能作用。

（2）单元节能控制。自动调节冷冻水系统、冷却水系统及主机等三个单元系统，使各单元能自行实现在最佳节能状态下运行。

（3）整体节能控制。通过 DHC 控制系统，自动协调各单元、即协调冷冻水系统、冷却水系统及主机，形成整体节能控制系统。在诸多冷冻水供、回水温度和温差值、冷却水供回水温度和温差值组合中，找出最佳组合，在供能量等于需能量的同时，实现能耗最低、效益最大化。

五、施工节能

对现场施工工艺和技术细节进行把控，确保现场调整不影响能效指标的实现。配套电气、智能控制系统统筹施工。利用 BIM 建模，指导施工预制和安装。合理减少阻力元件，减少弯头，优化管路布置，减少施工过程中的人为误差，实现节能工程的全过程督导管控。

（1）根据 BIM 建模，保证管道的布置，尽量短直、减少交叉。管线上的阀门管道附件合理布置，方便操作和检修，施工过程要保证工程的施工质量。

（2）在施工建设阶段，如图 5-4 所示支管与主管的连接采用 45°斜接，更替 90°连接方式，可减轻管道阻力，减少主支管连接的管道翻弯，这样水力平衡性更好。

图 5-4　管道连接示意图

（3）在管道最低点加泄水阀，在管道最高点加排气阀，可以减少气阻，降低水系统阻力从而达到节能效果。

（4）能源站的管道除在与设备或阀门、仪表的连接点处因后者要求可采用法兰连接或螺纹连接外，能源站管道均应采用氩弧焊打底，手工电弧焊盖面。其焊接工艺和质量应符合《现场设备、工业管道焊接工程施工及验收规范》（GB 50683—2011）的规定。焊缝抽检比例为 15%，采用 X 射线探伤，焊缝表面及内部质量应符合Ⅲ级焊缝的要求。

六、运营管理节能

根据设计参数和能效指标，对空调系统设备、管路水力平衡、气流组织进行系统调试，对空调系统、空调配套电气及智能控制系统进行联合调试，测试舒适性、响应速度、综合能效指标。运行阶段对智能系统进行参数优化调整。

大型空调系统和设备自身良好的工作状态是其安全经济运行、保证供冷供暖质量的基础，而有针对性地做好冷暖设备和系统的维护保养工作，又是系统保持良好工作状态、减少事故、延长使用寿命、降低能耗的重要条件之一。因此必须做好空调系统和设备的节能维护保养工作，制定相应的开机前维护保养、日常保养、定期保养及停机期间的保养规定。暖通空调系统的节能经济运行管理主要包括以下几个方面。

（1）定期检查和改善设备、管系输送系统的保温性能。

（2）在满足生产工艺和舒适性的条件下，合理降低建筑物空调的温度、湿度标准，适当增大送回风温差和供回水温差。

（3）在保证最小新风量的前提下，合理控制和正确利用室外新风量。

（4）定期检查和维修管系输送系统，减少系统的泄漏。

（5）定期维修、校核自动控制装置及监测计量仪表。

（6）加强对空调系统水系统的水质管理。

（7）建筑运行管理、维护、检修等规章制度。

（8）建立运行日志和设备的技术档案。

（9）管理和操作人员要经过培训，考核合格后才能上岗。

（10）主管部门定期派专人检查有关规章制度的执行情况。

区域供冷供热系统达到整体节能运行的目标是，当总负荷和室外湿球温度等因素扰动区域供冷供热系统时，通过调节冷冻水供水温度及温差、冷却塔出水温度及温差四个参数组合，结合自控手段、施工手段及综合运营管理手段，达到节能增效的目的。

专业化运营管理

PROFESSIONAL OPERATION
MANAGEMENT

随着全球经济的高速发展，人们对生活质量的要求也逐渐提高。因此，集中式、区域式中央空调这种舒适度高且节能环保的空调形式正在逐步变成空调行业里的主流产品，尤其是在我国沿长江流域地区部分城市中，它已经成为主要的供能手段及供能发展趋势。它为提高城市人民生活水平、改善城市空气环境质量、提高能源利用率发挥了重要作用。但在集中式、区域式中央空调这个领域中，无论是技术上的节能改革或商业模式上的节能创新，都有一个共同的终端——空调运营。本章将通过空调运营的发展历程、专业运营维护团队的重要性、专业运营维护团队的组成与构建原则、专业运营维护团队结合运营技术带来的节能增效、未来空调运营管理的猜想五个部分，简单阐述一个专业的集中空调运营公司将如何匹配前期设计，保障多方共赢并且走向未来。

第一节　空调运营的发展历程

回顾整个中央空调运营模式的发展过程，经历了厂家托管、物业代管、作坊式小班组坐班、专业运营团队全生命周期运营管理这四个阶段，运营也是伴随着中央空调系统的发展而逐步成熟完善、与时俱进的。本节将以颇具代表性的某大型三甲医院为例，详细描述其中央空调运营的发展历程。

该医院于 20 世纪 90 年代初成立时，除手术室和 ICU 病房外，其他区域房间在设计时未预先考虑安装中央空调，各房间各自安装了空调。所谓的空调运营也就是护士负责开关机，空调设备出了问题找厂家，医院与空调厂家签订了一份空调整体年度维护保养协议，由厂家负责全院空调的维护保养工作。由于缺乏日常点巡检，处理问题的响应周期长，导致各空调设备长期处于不正常运行状态，最终导致系统运行能耗大、设备故障率高、维护保养费用增加等问题。

一段时间后，医院也发现了这个问题，在逐步更换空调设备的同时把相当一部分空调运营维护保养的工作职能交至物业管理处集中管理。物业管理处在完成常规工作的同时，兼顾这部分空调运行维护及应急维修的工作。这样一来，处理问题的时效性得以改善，设备的定期维护保养也慢慢跟随物业其他工作一起提上日程，设备技术状态逐步好转，运行成本也逐渐得到控制。但中央空调系统的复杂程度相比传统物业管辖范围内的机电设备又要高不少，大部分维修工作仍然需要委托厂家进行。再加上不是专人专管，无法降低中央空调运行维护保养费用和提高设备能效，系统整体能耗仍然很大。设备一旦超过质保期，由于维护保养不及时，故障率呈明显升高的趋势。再加上锅炉操作、蒸汽管道等压力容器的运营管理人员均需要具备专业上岗资质等强制要求，医院也逐渐明白中央空调系统的运营绝不是传统物业可以兼顾代管的。

随着医院的发展需要，各大楼重新设计翻新，安装了新的中央空调系统，基本每栋楼的地下室都有一套独立的能源系统供应该楼的冷暖空调、生活热水，全院又设置了一个中心锅炉房生产蒸汽，通过蒸汽管道输送到各个楼栋的用气点。伴随系统升级的同时，中央空调的运营管理也交由相对固定的班组进行。由于各楼栋系统独立且投运时间不等，每个系统交付使用时都必须组建一个运营班组负责其运营维护，班组的配置通常是一个维修负责人带领一个四班三倒的四人操作运行团队，常年在机房的值班室内坐班，负责该楼栋中央空调系统设备的运行，定期巡查点检记录各设备运行参数，进行加油、润滑、紧固等常规维护保养工作，以及过渡季节常规维护维修以及部分应急维修的工作。随着各个楼栋的空调机房越来越多，这样独立运转的小班组团队也越来越多，到最后全院一共有 6 个中央空调小机房、两个换热站和一个集中锅炉房，整个运营团队的人数超过 30 人。随着人工成本的不断升高，后勤保障管理成本的压力也越来越大，但在这种中央空调系统的大环境下只能采用该运营模式，从而导致人员数量增多。在无法缩减人员编制的情况下，只能不断压缩用工费用，加上工作时间须倒班、工作内容单调枯燥、工作环境艰苦，整个运营团队的人员流动性极大。运营人员流动性大带来最明显的弊端就是员工专业技术不高，专业水平成长较慢，人员培训成本较高。这么多运营人员的培训和管理往往做不到全面细致，新员工仅经过简单辅导后便交由各个小站由老师傅进行"传帮带"。由于人员缺少专业化 SOP 规范训练，培训成果肯定难以保证，执行标准也千差万别，从而导致运营团队的专业水平有限，无法解决中央空调系统运营成本高的问题。

对此，医院管理人员请专业咨询机构对该医院全院生产能耗进行了能源审计，发现该院空调能耗是同等负荷下类似业态的两倍以上，各设备设施和管网系统存在不同程度的缺陷问题甚至安全隐患。于是医院管理人员对相关问题高度重视起来。

运营改革势在必行，通观整个运营模式的发展来看，只有中央空调系统得以改善，运营模式才能得到根本的改善和发展，只有适应新的先进系统的运营管理模式，才能有效地解决以往出现的这些问题。而中央空调系统发展至今，适合医院业态的系统首选是区域集中供冷供暖系统，而适用于 DHC 系统的运营模式就是全生命周期的专业运营管理模式。

正如前文中提到的"全生命周期运营"，运营团队不能在空调工程竣工交付后才进场接收开始运营，而是要在项目规划阶段就开始深度参与项目全程的每一步，应站在运营的角度，对规划、设计、施工、调试、验收等过程进行指导和建议。实践告诉我们，运营人员全程参与项目全生命周期的全过程是必要的。

专业的运营团队应关注整个系统在整个运行周期内的总运行维护成本，注重提高设备健康状态和运行效率，将运营中遇到并解决的各类问题归纳总结，研究节能降耗、优化管理的方法，形成良性循环，使系统高效且合理。

第二节　专业团队运营集中式空调的重要性

本节从运营的经济性和运营的安全稳定性两方面来阐述专业团队运营集中式空调的重要性。

一、运营经济性

在传统中央空调系统投资建设和运营方式中，开发商委托设计单位对空调系统进行设计。开发商通过招投标选择合适的建设单位进行项目施工，设备及材料总包给施工单位。在整个工程竣工验收后自行管理或移交给物业公司运行管理。这种做法通常会带来设计、建设、运营三权分离的问题。以设计、施工、运营三个环节为例，在规划设计环节，众所周知，投资控制的源头在设计。实际情况与设计规范契合度越高，投资控制就越接近合理。已有的空调系统实践案例表明，大多数情况下的空调系统实际运行结果与设计规范都会存在不同程度的偏差。究其原因，可能是设计院的设计要比实际用能量多出 20%，以保证项目不会出现任何差错，但综合房屋同时使用率及大型设备容错率等因素，实际设计负荷可能只有实际用能量的 90%，这导致了初期设计与后期的实际运营脱节，增加了投资。在建设施工环节，开发商既要保证工程质量和品质，又要控制建设成本，需要与工程承包商、设备商、材料供应商进行利益博弈，施工建设可能会对后期运营工作造成阻碍。在运营管理环节，开发商需要实现建造成本与运营成本平衡。如果建设期过于注重建造成本，在设备选型、材料选购等方面预算偏低，运营期的运行性能和寿命折扣就会偏大，摊高运营成本，反之亦然。

专业团队投资建设和运营方式要做到三位一体，这里提出的是三位一体的系统管理思维。这种思维是以一种更广的视角来审视传统投资建设运营方式与 DHC 系统的冲突及矛盾。从而突破传统的投资、建设、运营三权分立的方式，以可持续经营与发展为原则，全过程参与项目规划设计、设备材料采购、施工建设、竣工验收到运营管理工作，达到长期市场化可持续经营与发展及多方共赢的目的。三位一体系统管理思维是从用户用能需求的角度出发，以最终的运营为重要核心，从运营角度考虑规划设计、建设施工环节，通过将集中式空调的设计、建设、运营整合成一个完善的服务体系，并以集中式空调系统的节能技术与集成技术为基础，由设计团队、建设管理团队、运营管理团队、客户服务团队组成一个完善的集中式空调服务体系。这种体系将 EPC 模式对建设过程全面负责的功能，拓展延伸至集中式空调系统投入运营后的长期运行管理、维护维修、用户客服等全过程，对集中式空调项目的全寿命周期内的建设成本和运营经济效果全面负责。三位一体的系统集成思维是有助于整合各方资源为后期的可持续经营服务，并可以有效地将规划设计环节、建设施工环节、运营管理环节统筹为一个闭环，将设计权、建设权、运营权三权合一，将三者视为一个整体，达到让集中式空调项目市场化可持续经营的目的，并以此来实现多方共赢。因此，选择专业的团队运营集中式空调显得尤为重要。

二、运营安全稳定性

专业团队运营集中式空调的目标是既能获得足够的利润维持其良好的运营，又能持续为客户提供高性价比的优质能源服务。

当前，"专业人做专业事"的理念已深入人心。这是客户对该团队技术能力上的信任和对其商业模式的认可——经验丰富的运营人员从建站规划阶段就深度介入全过程的做法，在各个关键节点上都可以牢牢把握"运营为纲"的核心，从设计初始就摒弃一切花哨的技术，只使用成熟稳定的工艺和安全可靠的设备，并将系统冗余度控制在一个相对平衡的程度上，不至于过度设计而使投资额超标。运营团队从源头确保了整个系统的安全稳定和节能高效，这为未来数十年的稳定运营打下了良好的基础，同时由于控制了初投资，也降低了每年的固定资产折旧费用，为运营公司持续获得利润提供了条件。只有能在市场中活下去，才有资格去成为一个优秀的公司，也只有在运营中持续获得利润，才能保障有充足的费用持续投入逐年递增的设备维护保养支出中，从而保持整个系统各个部分都能健康稳定运转，并确保系统能效始终处于高位来维持经营的低能耗。而客户也能在系统的正常使用年限内始终都用一个较低的使用成本来享受优质的能源服务，进而从这个良性循环中获益。

保障运营的安全稳定性是系统工程，不仅需要各相关专业人员紧密配合，更需要缜密的逻辑支撑使整个系统得以精确运作，同时坚持"以运营为纲"的核心思想，才能确保系统在全生命周期内的稳定和安全。

第三节　专业运营维护团队的组成与构建原则

如何打造一支专业的团队运营集中式空调系统？本节将从以下板块进行分析与建模：运营体系构建原则，运营体系的组成，运营体系的收费管理，运营体系的模块管理。

一、运营体系构建原则

全生命周期的服务体系是以用户为起点的环状闭合系统。从整个大层面上看，运营体系处于 DHC 体系的最末端，它直接面对终端客户。构建的运营体系不仅需要平衡前期建设成本与后期运营维护成本之间的关系，还需要平衡运营成本与客户需求之间的关系，持续为客户提供安全、可靠、经济、便利的空调能源服务。运营过程中，如何消除设计或建设环节给后期运营带来的问题？如何结合客户需求，对系统进行优化升级，使系统更加动态节能？如何在节能经济运行的基础上，让终端客户体验满意，服务超值？这都是运营体系要解决的问题。

运营的根本其实是输送价值。DHC 运营管理体系的原则包括目标管理原则、全员参与原则、过程监控原则、持续改进原则。产品要被市场接受，企业要实现可持续经营，一定要有正确的指导思想及支撑体系，并在实际运营管理中贯彻落实。客户是中心，围绕客户需求来开展工作，共同致力于客户用能体验的提升，使服务超越价值。全过程的经营理念指导就是企业里从个人到部门，任何生产行为都需要权衡投入与产出的关系，各个生产经营的环节都需要争取为企业创造最佳的经济效益。通过节能增效措施的不断改进，持续提升节能空间，挖掘项目盈利空间，实现项目的可持续性运营。

二、运营体系的组成

运营体系包括客户服务管理、生产运行管理、设备管理三大管理模块，三个体系模块相辅相成、缺一不可。

客户服务管理承担的是双向职责，一是为企业创利，二是为客户谋利，既是企业和客户之间的连接纽带，也是两者利益关系的平衡部门。它应具备销售、协调、沟通、公关、服务等众多职能，在循环周期内，提高客户体验，确保多方共赢。

生产运行管理的主要职责是完成供能生产工艺流程的实施，根据负荷需求，合理进行生产安排，确保供能期间的安全、经济、稳定运行。与设备管理部门一同打造高效机房，将设计还原，并在生产过程中，进行专项的生产技术研究，优化设计。

设备管理的职责是合理运用设备技术经济方法，综合设备管理、工程技术和财务经营等手段，使设备寿命周期内的费用／效益比（即费效比）达到最佳，即设备资产综合效益最大化。

在这三大职能模块以外，还需要辅以数据统计分析，综合数据的采集、统计、分析，可以总结宝贵的经验和经济模型，从而优化现有的系统，指导后期项目的设计，构成一个完整的 PDCA 的循环，这也是 DHC 未来发展的方向所在。

三个板块之间关系十分密切，相辅相成。

①客服服务与生产运行管理之间的关系：客户服务的目的是满足客户需求、促进销售。客户需求是生产的动力，所有的基础工作只为紧跟市场的脚步，满足客户变动的需求。新的需求对生产运行管理的调整和升级起着导向作用。

②设备管理与生产运行管理的关系：设备是生产的生命线，良好的设备状态对正常生产起着决定性的作用，而生产是销售的保证。一般来说，设备管理的主要目标是为生产服务。

在运营体系管理过程中，我们需要不断地去磨合三个职能部门之间的联系，摒除各自为政的思维，使三者相互作用，协调共进，才能保证其长期稳定地运转。

三、运营体系的收费管理

DHC 的经营离不开收费管理，所有的产出都应正常回款，从而保证企业资金链的良好流通。这涉及两个方面的内容：计量系统的管理，定价收费（节能效益分享）。

（1）计量系统的管理。分户计量为客户进行节能管理提供了空间和手段。计量系统为 DHC 系统的数据量化、效率计算和能效评估提供了基础数据；管理控制是通过计量表的实时运行数据（供回水温度、循环流量的瞬时和累计值）检测系统的运行状态、控制效果和能耗指标，依据运行数据，判断供能系统是否存在异常状态和需要改进的问题和方向。在很多区域能源项目中，计量管理较为粗放，主要体现在长时间没有监管及控制，这样容易出现漏记、误记的情况，导致客情维护难（其中最大的问题是计量一旦出现问题，容易引起客户不信任），客户及企业利益均得不到保证（结算无依据）。所以计量管理从选择、安装到后期使用过程中，都要有严格的监管和控制。对于计量管理，应实行精细化的管理方法。

（2）定价收费。商品的定价在于它的价值。我们的定价应符合市场的消费水平。有些项目在运营管理过程中，并未采用太多的节能控制手段，高成本带来的是能源供应价格的上涨，无法做到利益分享。运营期间，需要企业深耕细作，从每个运营环节上挖掘成本空间，用以消化每年的物价上涨、人工上涨、设备衰减带来的影响，与客户分享节能效益。

四、运营体系的模块管理

运营体系的模块管理分为以下方面。

1. 客户服务管理

客户服务内容涵盖下面五类。第一个服务是为客户提供可靠的能源接入服务。"可靠"并不是我们喊的一个口号。在客户入驻装修前，我们已经为客户准备好了一系列的服务，如客户室内空调设计的咨询服务、空调系统安装的监管服务等，确保客户的顺利接入。而且这些服务都是免费提供的。第二个服务是为客户提供稳定的能源供应服务。根据上位能源情况，采用多能源结合的方式提供保障，在机组的选型上，也是阶梯式配置，确保极端天气或低负荷供能的稳定。与许多园区和写字楼由于考虑到低负荷的运营成本，基本上不提倡加班或不能保质保量地提供能源相比，DHC 的根本是在运营的园区中，必需要做到全覆盖、全方位按需供能（包括 24 小时、国家法定节假日供能等）。第三个服务是为客户提供快捷的故障排查服务。企业培养了一支专业的末端维修队伍，以解决客户的后顾之忧，专门针对园区的客户室内空调故障进行快速服务响应。与我们签约维护保养项目的客户，我们承诺的是半小时内上门。第四个服务是为客户提供优质的空调卫生服务。众所周知，空调用久了，容易滋生一些污染物，对人体健康也有一些危害。那么，每次的停供期间，我们会给客户普及一些清洗的常识及方法，免费指导客户自行进行清洗。如有客户需要，也可提供此类型专业的有偿服务。最后一个服务是为客户提供专业的节能文化服务。企业追求的是利润，但不能一味地追求或是牺牲客户的利益。DHC 的出发点是要多方共赢，实现可持续发展。定期普及一些节能的常识，让大家了解节能的方法。除此之外，客户经理也需要关注每家客户每月的用能费用，如发现异常，会提醒客户。综合来看，客服工作要做到合理的定价、有始有终、多样化，当所有细小的环节都经过精心揣摩并执行到位，才能确保最终客户的满意。

2. 生产运行管理

DHC 的生产管理主要有两个重点。第一个重点和一般生产系统的特点一样，就是需要人比较多，分布较广（因为在不同的能源站），所以对人的培养及管理都非常重要。第二个重点是需要研究并掌握系统运营的核心节能技术。DHC 的运营节能核心技术主要有三点：动力源的能耗平衡、阻力源的水力平衡及自控的寻优自适应平衡。动力源的能耗平衡主要研究不同负荷条件下的运营策略，保证在多用户、多业态间实现空调负荷与系统节能运行相匹配。采用变流量系统，按需动态控制冷量的分配，保证末端系统水力平衡的同时实现系统节能。阻力源的水力平衡包括准确计算系统负荷的分布，减少阀门、弯头的使用，减小系统的沿程阻力和局部阻力。自控的寻优自适应平衡是采用自动化控制系统，结合实时监控、健康检查、报警系统、自主寻优，使被动工作转化为预见性工作，确保 DHC 系统始终处于最优状态。

3. 设备管理

对设备全周期进行监控管理，主要进行以下研究：静动态运行工况数据分析与调制；电力、水力配送网络动力源与负载端、系统与辅设的关联；冷却塔组在极端气候与峰值负荷叠加工况产生的机组运行影响。

4. 人力资源管理

人力资源管理也非常重要。一方面要制定严格的管理目标，如安全生产目标、设备管理目标、供能品质目标、客户满意度目标。经营目标包括销售收入目标、生产收入目标、能耗控制目标、回款率目标。另一方面要建立健全激励政策，如综合成本控制奖励、超额回款奖励、生产技术改造奖励、创收提成奖励。生产人员要安排技能培训课程，还可通过公开竞聘的方式，激励员工成长，打造融洽又不失紧迫的工作环境。

5. 维护保障体系

精准的维护保障体系是保证上述板块的基石。通过以下四个方面可以有效地保障系统安全。

（1）大型冷暖设备维护管理过程就其本质而言，实际上是一个公用工程知识与实践的互动过程，就 DHC 系统的动力设备而言，具有系统复杂、设备众多、管网错综等特征，某些相关动力设备在运行中的优劣是不难显现的。首先是一些设备在制造中的设计与品质缺陷；其次，在高效机房设计与系统配置上也存在着一些问题；再则，受制于安装工艺条件和操作水平。因此，如何解决设备管理环节的计划维护保养与精准维护保养是十分必要的。

（2）计划维护保养。就是充分利用设备的日常点检、定期检查、状态监测和运行工况等信息来诊断设备的技术性能劣化状况，并根据设备运行过程中的主要参数指标偏差状况，在故障发生前有计划地进行周期性的定期维护保养，使其保持设备完好的技术状态。

（3）精准维护保养。精准维护保养就是透过现象看本质，针对 DHC 系统设备特性及对运行工况的理解，在了解设备结构及工作原理的前提下，对其设备的运行工况、性能劣化状态，运用观、测、试等维修方法和手段，进行重点巡检，运用状态诊断技术＋辅以智能控制系统，及时发现设备运行中存在的问题和隐患。有效实施预防性、改善性精准维护保养，并对设备的局部结构或零件的先天性缺陷或频发故障的设计加以改进，结合修理进行改装以消除设备隐患和问题，这样的精准维护保养，一方面可以弥补计划维护保养的不足，降低了过维修的风险。另一方面减轻了对主体设备的损伤，同时保持和提高了设备的技术性能。

（4）DHC 系统是以大型冷暖燃动设备为主的综合性能源公用工程系统，其系统流程长、设备众多、规格型号复杂。一般规律为系统固有性故障特性与设备功能性故障并行。系统或设备在使用一定时间后功能下降，达不到初始出厂效果，甚至技术性能劣化，发生设备故障，导致停机，产生固有性故障如系统水力不平衡。产生设备功能性故障的原因是多方面的，若能认真研究故障机理，分析原因，再利用统计方法，找出规律，并制定有效的计划维修保养措施，辅以能耗状态监测和故障诊断技术＋智能控制软件应用，通过透视化数据分析，可避免因诊断技术导致的误差，可能造成的"过维修"或"欠维修"，及因预防性计划维修带来的维护成本的增加。设备定期维护保养是正常生产供能服务的基础保障，同时设备技术诊断精准维修不仅是降低设备维护成本的方法，也是节能降耗的要务之一。

总体而言，运营管理团队的专业能力一定要与 DHC 项目相匹配。需要承担运营管理职能的机构要在 DHC 项目立项伊始就确定下来，其骨干人员应具备相当的技术、管理素养和较为丰富的运营从业经验。运营管理团队须参与项目的规划设计、建设实施过程，对涉及运营的重大事项应有足够的发言权。此外，运营管理团队必须重视运营数据积累、分析工作，坚持对 DHC 系统进行动态、持续的改进，并将改进结果反馈到以后的设计、建设环节中。最后，运营管理的宗旨是：为客户提供高效、稳定、安全、经济的能源服务。

第四节　专业运营维护团队结合运营技术带来的节能增效

专业的运营维护人员应具备以下素质。

①机修仪表电气等专业的相关知识储备丰富。

②熟悉各系统及设备运行原理。

③掌握各设备内部构造。

④可熟练完成各常规设备小中修并能配合厂家进行大修。

⑤善于处理各类系统设备的常见问题。

⑥能通过各种信息判断和排除系统故障。

⑦能解决各种系统疑难杂症。

⑧善于学习新知识并能融会贯通。

⑨有良好的团队合作精神。

打造一支专业运行维护团队，可以延长系统设备的工作年限，为客户提供专业化的能源服务。

对于区域供能系统来说，其整体的工程造价和各种设备资产的初投资无疑是巨大的，少则几千万，多则上亿甚至上十亿，但这套系统设备在正常使用年限内所消耗的能源费用及维护费用大概是初投资费用的 5 倍以上。所以，如何在这十几年间尽可能提高设备能效，并持续保持设备健康和稳定的状态，让每台设备都正常运行，这就需要用到各种各样的运营技术了。

维修技术是系统出问题时判断和处理问题的能力。运营技术则是有效提高设备价值利用率和降低设备高效运行成本的能力。优秀的专业运营维护团队应更注重运营技术方面的能力培养，并在工作过程中将其尽可能地充分运用。二者相互结合，为系统带来的节能增效在全生命周期内创造的价值是相当可观的。

区别于单个设备的运行操作，中央空调是一个综合系统，多个系统之间互相影响，各种变量相互制约。要实现能源站的节能增效运行，除冷水机组外，还要综合考虑各种工况的变量因素。如图6-1所示，国际上通常采用美国暖通空调协会的 EER（综合能效比）作为制冷站能效的评估标准。

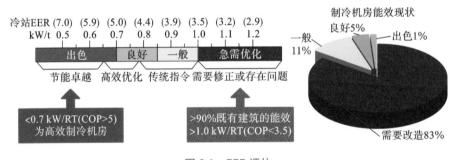

图 6-1　EER 评估

高效机房的目标是提高能源站夏季制冷 EER 能效。但制冷系统的负荷是不断变化的，即使设计时满载工况下系统的能效比很高，但实际系统在非专业人员的运营操作下低负荷运行时，能效依然很差（图6-2）。

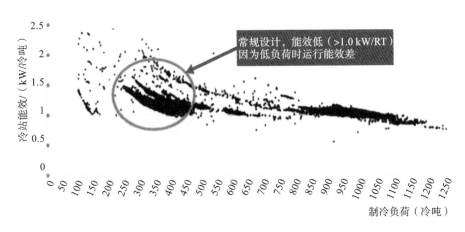

图 6-2　冷站运营能效

　　不同负荷下采用怎样的运行策略，冷冻水出水温度设定值如何确定，冷冻水循环水量调大还是调小，冷却水流量该高还是低，冷却塔风扇开多还是开少，水泵采用哪个频率运行系统相对能效能最高等，这一系列的问题都属于运营技术范畴。而技术人员需要把这些相互牵扯的变量之间的关系梳理清楚，找到其深层次的内在逻辑关系，并归纳总结成经验与大家分享交流，共同提高，使系统始终运行在一个相对较高的能效点上。

　　以冷却水系统为例，当室外温度降低引起冷却水回水温度降低到某一控制点时，通常的做法是采取减少冷却塔风扇开启台数的方法来降低风机能耗，或是降低冷却水泵频率来节约水泵能耗。这么做乍一看合情合理，但仔细分析系统各部分深层次的联系后会发现，关掉冷却塔风机或是降低冷却水泵频率这么一个动作，可能会导致整个系统的能效下降，甚至给系统运行安全带来隐患。我们往往只注意到关停风扇和降低频率带来的看得见的电功率下降，而很容易忽视冷却水流量的变化和风扇开启台数的变化对冷却塔有效换热面积和有效换热风量产生影响。对于多个模块的冷却塔群来说，降低冷却水流量将首先导致塔顶布水器进水分布不均，离冷却总管较远的模块无法获得足够的冷却水流，填料上的水膜无法完整地分布，整个冷却塔有效换热面积大幅衰减。如果这时关闭风机的模块和进水流量不足的模块又不匹配（大多数操作人员关闭风机时几乎不会爬到塔顶观察水力分布情况），则有效换热风量也将远大于由于风机关闭而降低的风量。由图 6-3 可以很清楚地看出，随着流量减少，冷却塔热力性能的衰减变化。

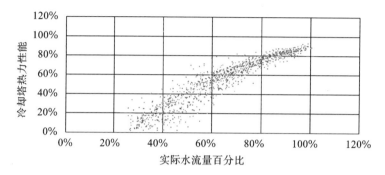

图 6-3　传统冷却塔不同流量下的热力性能分布

　　流量变化除影响冷却系统的冷却效率外，还可能会引起冷却塔不同模块出水的不平衡，在塔群之间联通做得不太顺畅时，极有可能导致个别集水盘液位过低，出现旋涡吸空进气的情况（图 6-4）。

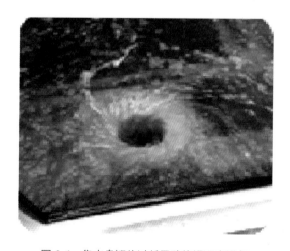

图 6-4　集水盘液位过低导致旋涡吸空进气

　　吸入系统的大量空气会导致水泵叶轮气蚀（图 6-5），叶轮动平衡破坏，还会引起冷却水局部断流，导致冷水机组散热不良，危及系统运行安全。

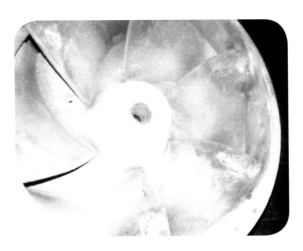

图 6-5　水泵叶轮气蚀

　　如果对系统各设备间的相互关联认识得不够清楚，对各设备运行原理和结构了解得不够详细，又不去分析改变各变量因素带来的一系列结果，就可能在不经意间就危害了系统的安全稳定性而不自知。

　　能熟练掌握运营技术的运营维护团队应运用各种合适的运行策略来充分发挥各设备的最佳状态，在项目初期的设计规划阶段就提出优化系统的合理化建议，以及指导智能控制系统采集更关键的信息参数和给出更合理的控制策略，为整个系统的健康高效稳定运行探索出更优的路径。

　　运营技术还用在指导设备维护维修上。一般系统里关键性设备的维护保养周期相对较固定，通常按厂家要求，运行时长到了多少小时就必须做哪些项目的维护和保养。厂家给出的维护保养经验周期通常为了具有普适性而偏保守一些。对于变频设备来说，即使运行时长达到了维护保养周期，实际设备磨损程度可能未到达需要更换的程度。这需要其他的手段和标准来进行界定是否需要养护。比如冷水机组换油，定期取油样进行检测分析，达到更换标准就换油，未达到就不换，这对于有多台大制冷量主机的大型区域能源站来说，适当延长耗材更换周期能节约不少开支。除此以外，监测过滤器压降值判断是否应更换过滤器滤芯，监测冷凝器温差判断是否需要通炮清洗冷凝器，监测冷却水硬度判断是否需要进行水处理，监测空气湿球温度与冷却水回水温度之差判断是否需要清洗冷却塔填料等，这一系列类似的运营技术都能为维护保养工作提供定量的分析和指导意见，使之不至于盲从。

第五节　未来空调运营管理的猜想

一、智慧能效管理系统配合运营管理

智慧能效管理系统是未来空调运营的一个发展方向，也是中电节能正在投入使用并且不断研发升级的一套系统。

智慧能效管理系统的核心是 DHC 自控系统。生产上的需要，促使中电节能走向自我开发之路。开发 DHC 自控系统是个跨学科的复杂高科技课题。"空调设计"与"自控设计"的专业性，造成大多自动化系统不尽人意。DHC 自控系统目标是实现空调技术思想。对此，首先要创立先进的空调思想体系，再借自控之力，完成设计和安装，最后在实验平台验证形成产品。

三个环节缺一不可，基于上述理念，中电节能三管齐下：首先组建研发团队，以空调与自控专家为骨干，耗资约 3000 万元，用几年时间兴建国内第一个具有实验、生产双功能的 DHC 系统和 DHC 自控系统。

中电节能拥有完全自主知识产权的节能智控系统。该系统以区域供冷、供热及能源站设备自动化控制和管理为目的，集健康检查、水力平衡、智能控制、能耗管理、优化运行、节能增效等功能为一体，以弥补运营管理人员专业技能差异与工作效率差异，提高设备与系统的使用寿命与质量，降低运行与维护成本，增加经济效益。

（一）主要功能

（1）系统仿真。模拟空调系统运行图，全面监控系统运行状态，以提高工作效率。

（2）健康检查。包括"电气诊断模型""暖通诊断模型"。当主要供能设备出现恶化运行趋势时，提供相关报警信息，帮助运营人员及时发现隐患并予以排查，提高系统安全运行系数。健康检查可实现设备精确维护，节省人力与维护费用。

（3）水力平衡。提供直观的水力平衡监视，判断水力平衡状态，调节水流状态，在确保满足客户用能的前提下，降低输配系统能耗，节约人力成本，提高工作效率。

（4）负荷预测。计算未来空调负荷的需求量，及时调节设备运行状态与数量。续表

（5）全系统寻优控制。根据系统负荷及气象参数，对比历史最优运行模式，统一协调控制各设备的运行状态，使系统设备处于高效、节能运行状态。

（6）历史记录。每5分钟同步记录全系统运行参数，为设备维护、系统优化提供数据支撑。

（7）状态监测。实时显示设备与系统的详细运行参数，直观监测设备及系统运行状态。

（8）能耗管理。采集水、电、汽、冷热量等实时数据，分析系统能耗分布状态与成本分布状态等能源指标，帮助运营人员制定运营策略。

（9）与计量系统数据通信。通过与计量系统互联，使监测区域扩大到各楼栋末端，用供能冷热量参数反映空调负荷变化，替换原始的温差、压差参数感知，克服了系统对负荷感知的滞后性，更快地将控制结果反馈给控制系统，提高系统控制效率与准确性，减少调节频次，降低运行费用。

目标：实现无人值守稳定运行。

（二）操作方法

具体操作方法如表6-1所示。

（1）利用能源模拟软件 eQuest、E20、IES，通过建模获取项目全年负荷，为系统的主要设备匹配提供依据。

（2）冷水机组优化选择。实现制冷高效率（满负荷＋全工况部分负荷）。

（3）冷却塔优化。①在空间允许的情况下，选择散热能力更强的塔。在满足安装限制条件下，加大塔体尺寸，降低迎风面风速，适当加大填料换热面积。②在运行中，结合智能化控制平台，实现高效节能运行控制策略优化。③优化过程中应关注冷却塔的变水量特性，要求在可变流量范围内，布水要均匀。④采用节能控制策略。冷却塔所有风机为变频控制，变频控制策略由群控自动实现。

（4）水泵优化。使用卧式或立式双吸泵，变频电机＋变频控制。精确计算流量、扬程，提高电机效率。

（5）制冷机房全年运行能效模拟。根据负荷模拟结果，匹配相应的设备及参数后

进行制冷机房运行能效模拟，初步评估制冷机房的全年运行平均能效 EER，进行多个方案比对优选。

表 6-1 运营管理操作方法

主机设备	①满负荷及部分负荷均高效
	②关注部分负荷效率，匹配机房负荷特性
水泵设备	①精确计算流量、扬程
	②水泵综合效率 80% 以上
	③考虑部分负荷下效率，75% 以上
冷却塔	①变频风机
	②增大运行交换面积，布水集水 + 风机联通群控
自控系统	①定制化云智控系统
	②熟悉空调工艺，明确用冷需求编制控制逻辑
	③以运行能效为目标，运行策略智能寻优
	④配备云数据自检系统，云端在线诊断
监测计量	①超高精度精准计量系统
	②高于 ASHRAE 标准，误差控制在 5%
	③可接受第三方检测单位质检

（三）系统健康状态与节能效果

开机前必须要解决 DHC 系统的整体性节能问题。节能控制策略是建立在 DHC 正常运行的基础上的，否则再好的节能控制策略都发挥不出应有效果。下面以实例来说明健康检查对节能的重要性，以武汉光谷软件园为例。

（1）主机健康状态对节能影响：正常值 COP = 5.85，COP = 5.35 时，电功增加 74.29 kW，一个制冷季运行电费增加 8.2 万元。COP = 4.855 时，电功增加 164 kW，一个制冷季运行电费增加 18 万元。

（2）Y 型过滤器健康状态对节能影响：冷冻水泵共配 4 台 Y 型过滤器。实际运行数据表明，在 720 T/h 时，正常阻力为 1 M，小堵时（渣堵）达 4 M，大堵时曾达到 14 M（过滤网被压偏），运行一个制冷季，小堵时要多付出 3.8 万元，大堵时要多付出 16.5 万元。

（3）水力平衡的健康状态对节能的影响。水力平衡对节能有显著影响。以下为实验主要结论：对整个系统，在水力平衡的状态下实际循环水量比水力不平衡时节约 27.6 %，水泵的电功率比不平衡时节约 32%。当站内全负荷运行时可省电 143 kW/h。运行一个制冷季可节省运行费用 15 万元。

总结对比智慧能效管理下的专业空调运营与无智慧能效管理系统的空调运营，如表 6-2 所示。

表 6-2 两种能效管理系统对比

功　能	有智慧能效管理系统	无智慧能效管理系统
监控	实时模拟空调系统运行图，全面监控系统运行状态，提高工作效率	每小时人工抄表，现场监控主机、辅机运行数据
操作设备	在控制室实现远程一键启动，方便快捷效率	人工现场开机，主机、水泵、冷却塔控制柜来回操作，费时费力
冷却 / 冷冻	自动控制风扇开启台数和冷却 / 冷冻水泵运行频率，稳定控制冷却 / 冷冻水温，保障主机冷却 / 冷冻水稳定一直处于高效区，节能降耗	人工控制风扇台数和冷却 / 冷冻水泵运行频率，水温控制比较滞后，控制经济性，对人员要求较高，需要频繁操作
健康检查	系统主机、水泵及相关配套管道运行参数出现偏离正常值的数据时，实时反馈预警，便于提前预防调整，减少故障发生	每天进行设备点巡检，周期较长，且仅针对主机、水泵等重点设备，出现异常时反应较慢
水力平衡	提供直观的水力平衡监视，判断水力平衡状态，实时调节水流状态，在确保客户用能舒适度的前提下，降低输配系统能耗，节省人力成本，提高工作效率	仅仅对阀门进行人工调节，存在着较大的难度，调节工作就需要反复进行，耗费大量的人力和时间。DHC 在系统运行中，如果用户或者用户负荷出现较大变化，调节工作就需要重新进行

续表

功　能	有智慧能效管理系统	无智慧能效管理系统
故障维修	故障设备有检修模式。故障设备显示变色提示并锁定无法启动，避免误操作	如交接班不到位，故障设备存在误操作风险
系统能耗	实时显示水电气耗量、读数，显示每小时、每天实时数据能耗计算，便于能耗数据分析	每日人工抄表统计，计算每日能耗成本。数据分析相对单一
计量系统	实时监控显示客户能量表使用情况，异常状态实时报警，及时响应处理	需要现场抄表，周期长，异常情况发现及处理响应时间长
历史数据	每 5 分钟实时记录系统内所有数据，便于事后分析研究	仅有每小时抄表主机运行数据

（四）智慧能效管理系统结合 DHC 系统专业运营

以武汉金融港某能源站为例。武汉金融港某能源站服务面积为 24 万平方米，2011 年 6 月正式投入运行，由设计方收取接入费，负责能源站、输配管网的投资、建设，承担全周期运营管理维护等费用。夏季采用溴化锂制冷 + 电制冷 + 冰蓄冷制冷，冬季采用蒸汽供暖。中电节能秉承着绿色构筑多赢的运营理念，以创新式的运营实现国家的节能减排及电网平衡要求。客户享受到高效、稳定、安全、经济的能源服务。针对光谷金融港一号能源站特点，结合中电节能管理优势，形成光谷金融港一号能源站独特的经营管理理念。

1. 运营理念一：精细化运营管理

（1）生产运营。

①研究不同负荷条件下的运营策略优化，保证在多用户、多业态间实现空调负荷与系统节能运行相匹配。

②研究满足最不利环路下的系统最优运营组织策略。

③自主研发智慧能效管理系统，以光谷金融港一号站为载体，推进技术成果转化与应用，结合能耗计量系统，实现系统整体优化控制。

（2）设备管理。

①全程参与设备选型、安装、调试和验收，对每个节点实行严格把控。

②完善的设备基础档案管理：制定详细、周全的维护保养计划，进行合理的维护保养，延长系统、设备使用寿命。从设备入场至每次的维修均保持完整的记录。

③严谨的设备运行过程流程监控：中央控制平台实现实时监控，人工定时定点进行点巡检＋信息化手段监控，对系统、设备使用过程实行实时监控及记录，结合系统运行，优化资源配置，提高系统、设备使用效率。

④科学的设备状态分析评价：研究、构建系统、设备分析评价体系，充分利用基础数据，进行科学的分析及总结。如建立不同品牌、不同机型、不同操作下的设备使用效率、设备衰减率等评价方法，强化设备价值形态管理。定期对设备运营数据进行评估、分析，找到设备运营最佳状态。

2. 运营理念二：管家式客户服务理念

客户服务：建立标准化服务流程，提供多元化的互动平台，了解掌握客户的不同需求，持续不断提高客户体验，做最贴心的服务，实现服务标准化。专业团队提供维护，使客户享受省钱、省事、省心的能源管家式服务。

①致力于提升客户用能服务体验。

想省心——全程实行"一对一"服务，摆脱服务断链的困扰。

想放心——远程实时监控，发现异常情况，主动上门服务。

想节能——宣传教育节能小常识。

想个性用能——自由控制、按需供能。

想反馈——24小时热线电话／微信服务平台/QQ专群随时恭候。

想维修——专业末端维修团队上门服务。

②了解客户，做最贴心服务。开展综合体业态分析、客户使用分析、关键客户分析、差异化需求分析、客户流失分析、客户价值分析。

3. 运营理念三：创新式运营理念

（1）创新改造：武汉光谷金融港一号能源站依托中电节能强大的研发能力，不断对能源站进行优化创新改造，从而降低自身能耗成本，提升客户用能效果。

案例：将原设计2326 kW溴化锂制冷机组更改为4747 kW高压离心机。在高压离心机投入运营后，能源站系统综合COP上升30%。

（2）创新服务：光谷金融港一号能源站为客户提供针对性的运营方案，满足客户对空调的差异性需求。

案例：武汉光谷金融港一期独栋供能设计为间连供能，A8 栋客户捷信金融办公室人口密集、电脑众多，采用间连供能模式在夏季无法满足用能需求。能源站针对客户实际情况，将间连供能模式改为直连供能模式，客户供能需求得到满足。

（3）创新运营：武汉光谷金融港一号能源站对每日运营数据进行汇总分析，针对园区的客户用能情况实时调整站内的运营策略，从而提升整体运营收入、降低运营成本。

4. 运营理念四：成长式运营理念

（1）培训成长：武汉光谷金融港一号能源站结合公司的发展战略，对员工进行有计划的培训（站内培训、公司培训、外部培训），提高员工的基本素质、业务技能和管理水平，开设了维修主管和站长等发展晋升通道，创造均等发展机会，鼓励员工通过自身努力获得成长和发展。

（2）服务成长：武汉光谷金融港一号能源站于 2011 年 6 月正式投入运行，初期只是提供空调的能源供应服务，末端由客户自建。在前两年的保修期内，客户末端问题由施工方负责维修处理，质保期过后出现的问题得不到解决。鉴于园区客户对解决自身末端问题的强烈意愿及提升能源站供能服务品质的需求，能源站在客服建立外勤维修岗，负责客户室内末端报修处理工作。外勤维修岗以专业、迅速的服务获得了园区客户的一致好评。

5. 运营理念五：制度化运营理念

（1）安全第一：武汉光谷金融港一号能源站建立有完善的安全生产责任制，组织制定有安全生产规章制度、操作规程和应急预案，保证安全生产投入的有效实施，督促、检查安全生产工作，及时消除事故隐患和报告处理事故等。

（2）健全制度：武汉光谷金融港一号能源站建立有健全的运营制度，并在实际运营中不断地完善运营制度，激发员工工作积极性、增强公司凝聚力、树立公司良好形象、全面强化竞争力。

第六节　人工智能 + 空调运营时代

近年来，人工智能（AI）早已逐渐延伸至人们生活的各个方面。简单来讲，人工智能即通过计算机软硬件来模拟人类某些思维过程和智能行为，使计算机实现更高层次的应用。实际上，人工智能的本质是一种技术上的解决方案，只有落实到具体的场景中，才能够最大限度地发挥出其应用潜力。AI 技术的不断提升，各行各业都能够通过对数据进行深度挖掘和分析，实现用户需求与产品的精准匹配，从而为用户带来更好的使用体验。也就是说，集中式空调系统同样可以利用人工智能技术，有针对性地提供个性化服务，满足客户的不同需求。

在人工智能战略引领下，借助 AI 技术的提升，产品通过对数据的深度分析挖掘，实现用户需求与产品传播信息的精准匹配，不仅能帮助产品提升转化效果，实现精准触达，更能为用户带来更好的体验。这意味着，若 DHC 系统利用人工智能的自适应、自学习、自进化的能力，有针对性地对每一位客户实施个性化、差异化服务，从而实现"懂你所需、想你所想"，达到提升客户舒适度和便捷度的目的。例如，DHC 系统在人工智能的带领下自行运营，根据用户（尤其是老人或小孩）的体感特质、皮肤特征与身体状况等变量因素进行实时分析后，对室内空气进行温度、湿度及颗粒物主动调节，给客户提供保障。此外在人工智能的帮助下，DHC 系统不需要复杂的操作程序与众多的操作人员，运营企业减少成本。这意味着人们能用更便宜的价格，享受到更优质的服务。

综上所述，本章主要从专业空调运营对房地产行业变革所起到的作用为切入点，讲述了专业空调运营的重要性和必要性。并且，阐述了集中式空调运营团队建立的原则、模块、基本职能与构架。同时，建立了简单的模型以供参考和分析。最后，对集中式空调运营的历史及未来发展趋势加以分析和概括，包括传统模式的厂家托管—物业代管—作坊式小班组坐班—专业运营团队—智慧能效管理系统配合运营管理，再到人工智能＋空调运营。从这几个板块中不难看出集中式空调运营的发展趋势越来越专业、越来越简洁。让客户拥有更好的体验，这是专业空调运营企业的终极目标和不懈的追求。

大数据与智能智控

BIG DATA AND INTELLIGENT
CONTROL

目前，大数据、云计算、人工智能结合空调理论，以区域能源产业链各阶段数据集合为研究对象，包含市场开发、规划设计、工程建设、运营管理、客户服务、延伸产品等领域，是传感技术、信息通信技术、计算机技术、数据分析技术与专业领域技术的结合，汇集 DHC 系统全产业流程中各分子系统的数据，通过其强大的数据存储、数据吞吐、数据质量治理、数据分析、定制性服务、自学习、可视化的能力给予各业务部门数据支撑、指标评价、方法与策略建议、可能结果告知等，从而深入到 DHC 各项业务活动中，融合到现有各环节的业务流程中，是 DHC 从建设到运营服务全产业链和全生命周期中能源消耗、可持续经营、用户体验、社会价值等多个维度的综合结果最佳的情报与决策支持系统。

智能化系统是所有顶层系统的基础系统，包含自动化控制系统和能耗管理系统。它着力于底层设备的控制和基础数据的采集、汇总、统计，实现系统在既有运行模式下的自动化节能运行，降低系统燃动成本，提高系统运行效率。"智慧能源"利用大数据等前沿技术，在现阶段主要解决 DHC 系统运营管理阶段数据挖掘、分析的问题，运营管理体系的构建，优化设计与运营策略，提高服务效率，降低运营管理、维护成本。"智慧能源"在未来可发展成为打通专业与业务分割的界限，整合 DHC 产业链数据情报资源，为产业链各阶段和分子系统提供宏观且精确的数据分析与挖掘服务，以 DHC 项目可持续、良性发展综合效益为导向的综合服务系统，成为 DHC 产业链信息融合的基础设施。

本章将在"智能化系统在 DHC 运行中的传统意义""智慧能源在 DHC 系统的作用""大数据在 DHC 系统中的价值"等方面做阐述。

第一节　智能化系统在 DHC 系统中的传统意义

一、DHC 智能化系统

（一）DHC 智能化系统概念

DHC 智能化系统是指采用智能监控系统对区域集群供能的能源站系统进行监控，是一套能够对 DHC 系统设备实现集成控制、监视和管理，对系统工况参数进行综合优化、高效节能的控制系统。

（二）DHC 智能化系统发展

DHC 智能化系统控制技术经历了由简单到复杂、由低级到高级的发展过程。

①早期的 DHC 智能化系统，主要用于 DHC 设备的启停控制，由安装在控制机柜上的开关、按钮及交流接触器等，启动或停止设备。信号指示灯只显示交流接触器的状态。

②常规仪表控制。常规仪表控制系统的特点是控制器由弱电模拟调节仪表组成，每个控制器有其固有的调节特性，一些较高级的控制器的 PID 参数也可在现场调整。检测参数的显示一般采用单一仪表显示单一参数的方式。而在中央控制室中，多采用多点巡回检测设备，巡回检测各种主要控制参数。

③20 世纪 80 年代，在我国一些较高级的民用建筑中采用集散式系统。这种系统是对常规仪表的改进，控制功能由分散设置的常规仪表去完成，设备运行状态及各种参数的采集使用分散式数据收集器，通过其转换后变成数字信号，利用计算机网络来传输，并在中央微机上显示。这一系统代替了常规仪表中的参数显示设备，还可通过中央微机对部分常规仪表控制器的控制参数进行再设定。

④20 世纪 80 年代中后期，计算机控制引入到中央空调系统中，即逐步开始采用直接数字控制系统（简称 DDC 系统）。其最大特点是从参数收集、传输到控制等各个环节均采用数字控制来实现，采用了数字控制器来代替常规仪表控制器。一个数字控制器可同时完成多个常规仪表控制器的功能，可有多个不同对象的控制环路，并在速度、精度、管理等方面都强于传统的常规仪表，尤其适合于监控参数点较多、控制功能复杂、使用和管理要求较高的现代建筑。

⑤随着 DHC 系统在中国的飞速发展，DHC 智能化系统自动控制技术和装置也得到快速的发展。对于 DHC 智能化系统而言，要确保建筑物内舒适和安全的办公环境，同时还要实现能源站高效节能的目的。显然，这不是常规仪表控制系统和 DDC 控制系统所能承担的任务，因此诞生了综合现代计算机技术、现代控制技术、现代通信技术和现代图形显示技术的 DHC 智能化系统。

（三）智能化系统在 DHC 系统中的意义

DHC 系统在区域集群建筑物的总能耗中所占的比例非常大，在保证提供舒适环境的前提下，应尽量降低 DHC 系统的能耗。因此，DHC 智能化系统成为区域集群自控系统中一个重要且必不可少的组成部分。自动化控制技术在暖通空调设计的过程中得到了非常广泛的应用，它使系统运行的质量得到显著的提升。这一技术还具有非常强的节能性，可以体现出非常好的综合效益。

智能化系统的特点主要体现在四个方面：①借助对 DHC 系统运行过程中不同参数的监视，能够对 DHC 系统当中设备运行的工况进行全面的判断和监督；②监视各个 DHC 设备的具体运行工况，对工作中出现的各种非正常运行工况进行提前报警，对 DHC 设备进行有效保护；③能够有效地均衡不同空调设备的运行时间，从而延长 DHC 设备的使用寿命；④按照 DHC 系统运行的实际负荷，对不同 DHC 系统设备的运行参数进行有效调节，实现较好的节能效果。

（四）DHC 智能化系统的构成

目前，大多数 DHC 智能化系统是二级结构的集散型系统，即由 DHC 站级管理层、现场控制级构成，如图 7-1 所示。

1. 现场控制级

第一级为现场控制级，由现场控制器、各类传感器和执行器（执行机构）组成，直接控制现场设备。其主要任务包括以下几个方面。

①过程数据采集。对被控对象的各个过程变量和状态信息进行实时数据采集，获得数字控制、设备监测、状态报告等现场信息。

②直接数字控制。根据控制组态数据库、控制算法模块去实施连续控制、程序控制。

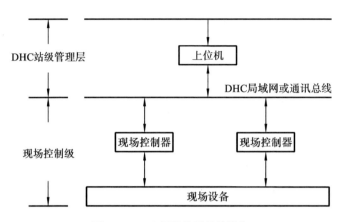

图 7-1　DHC 智能化系统的结构

③设备监测、系统测试与诊断。根据过程变量和状态信息，分析并确定是否对被控装置实施调节，并判断现场控制器硬件的状态和性能，在必要时报警或给出诊断报告。

④安全、冗余操作。发现系统硬件或控制板有故障时，及时切换到备用部件，以确保整个系统安全运行。

（1）现场控制器。

现场控制级是对单个或工艺上同类设备的自动控制，具体功能的实现是由安装在被控设备附近的现场控制器去完成。现场控制器是一个可独立运行的计算机监测与控制系统，实质上就是一个直接数字控制器（DDC）或可编程逻辑控制器（PLC、PAC 等），能做独立控制器执行控制作用（如比例（P）、积分（I）、微分（D）控制、总和及报警、输出监测）。它又有很强的通信能力，可组成网络实现高速实时运算，处理模拟量和数字量的输入、输出，其中有以下几种。

①模拟量输入（AI），如温度、压力、流量等。

②模拟量输出（AO），如操作调节阀、风门开启状态等。

③数字量输入（DI），如接触点闭合、断开等。

④数字量输出（DO），如电机启 / 停控制，2 位控制（通 / 断）等。

（2）传感器。

中央空调监控系统中使用各种传感器检测设备的工作状态。传感器是将电量或非电量转化为控制设备可以处理的数据的装置，一般用于测量温度、湿度、压力、压差等物理量。

（3）执行器（执行机构）。

执行器（执行机构）接受来自控制器的控制信号，转换成位移输出，并通过调节机构改变流入或流出被控制对象的物质量或能量，达到控制温度、压力、流量、液位、空气湿度等参数的目的。按照采用动力能源形式的不同，执行器可分成电动执行器、气动执行器和液动执行器，目前最常用的是电动执行器。电动执行器的输入信号有连续和断续信号两种，连续信号有 DC 0 ～ 10 V 和 DC 4 ～ 20 mA 两种范围。断续信号为开关信号，如脉冲信号。

2.DHC 站级管理层

DHC 站级管理层监视中央空调系统的各单元，并管理系统的所有信息，主要任务包括以下三点。

①优化控制：当现场条件发生变化时，监控级根据优化策略，进行分析计算产生新的设定值和调节值，交由现场控制级执行。

②协调控制：根据被控对象情况，以优先准则协调相互的关系等。

③系统运行监视：监视整个系统的运行参数、状态，制定被控对象记录报表，进行报警显示，故障显示、分析、记录等。

监控级的功能是由中央站的软件来实现的，中央站的软件包括系统软件（网络操作系统）、语言处理软件、数据通信软件、显示格式和表格式软件、操作员接口软件、日程表软件、时间 / 事件诱发程序软件（TEP）、报警处理软件、控制软件、数据库软件、能量管理和控制软件等。

（五）DHC 智能化系统功能

DHC 智能化系统的功能如下。

①优化控制：当现场条件发生变化时，监控级根据优化策略进行分析计算，产生新的设定值和调节值，交由现场控制级执行。

②协调控制：根据被控对象情况，以优先准则协调相互的关系等。

③系统运行监视：监视整个系统的运行参数、状态，制定被控对象记录报表，进行报警显示，故障显示、分析、记录等。

DHC 智能化系统站级管理层的计算机设置在 DHC 监控中心，称为上位机，对整个系统实行管理和优化控制。上位机和现场控制器通过通信接口进行数据通信，现场控制器可作为独立控制器执行独立的控制作用，它把数据信息传到上位机，又能接受上位机的控制。上位机除要求完善的软件功能外，首先要求硬件必须稳定可靠，通常选用高档微机和较高级的配置。

DHC 智能化系统站级管理层的功能是由上位机的软件来实现的，上位机软件的功能有如下十一种。

（1）访问级别控制。系统提供多级操作员访问级别，工作站判断是否允许进入系统，同时鉴别各操作员访问的级别，操作员只能用密码进入系统，访问所授权的内容。为了减少操作员在进入系统状态下离开工作站时被别人非法使用的可能性，超时信号会自动将该操作员退出系统。自动退出和超时信号的时间长短可自行定义。

（2）图形操作。系统能生成任何结构的图形，以满足工作需要。选择建筑物图形时，可显示建筑物各楼层和设备示意图。选择某特定楼层时，可就显示有关的空调系统、风机、挡板、传感器和执行器等。色彩用来区分正常和不正常的空调设备温度，以风机和挡板的动画来确认其运转 / 停机和开 / 闭状态。任何现场控制器的点，可以显示在任意一级的图形上。利用作图软件，操作员可以生成、修改和删除图形，并从图形上用合适的命令进行控制。

（3）适应多种通信协议。可通过总线连接现场控制器。在用总线通信协议时，中央显示器脱离线路，总线通信便停止。采用现场控制器之间同层通信协议，此协议使每个设备都有相等级别的总线访问，所有设备都有出错恢复和总线初始化能力。采用同层通信协议时，只要总线上有两台设备在运行，通信就仍然继续进行。

（4）用户定义的报警管理。报警信息会自动打印，也可在操作员控制下显示和打印。多点报警按优先级顺序显示。报警管理选择使操作员得到如下的信息。

①显示并应答多个报警。

②直接进入点命令和修改对话框。

③显示有关的报警图形。

④按规定的日期范围显示点的报警历史。

⑤显示点的趋势数据。

按各点或点的类别赋予的报警选择项，包括如下的信息。

①报警限值。

②音响速率和长短。

③报警存入磁盘作为历史纪录。

④目标显示器选择（用户多个终端）。

⑤报警存入磁盘作为历史纪录。

⑥目标显示器选择（用户多个终端）。

⑦目标打印机选择。

⑧自动打印出报警信息。

⑨回到正常的自动应答。

⑩自动显示报警图形。

（5）点的分类。按照点的性能类型来分组，以便于数据文件的更新和操作员在显示图形上更快地识别出来。例如，所有的温度传感器可以归类为温度一类，这一类点在示图上使用相同的颜色标志来显示各种数值，并有相同的报警处理点。

（6）图形生成工具和库。操作员可以用图形软件开发图形。为了简化图形的生成过程，系统提供一整套暖通空调和电气符号及标准系统，如空调机和冷冻机的图库。系统提供设备类别，并为设备提供标准的配色、刷新速率、动画、工程单位和预设属性。

（7）实用程序。实用程序用于产生现场控制器应用程序和数据库。设计人员可选用暖通空调绘图元件来建立控制顺序。实用程序检查控制方案和开关逻辑，它可实现能源管理功能库和控制操作。

（8）设备运行和特殊事件的计划安排。系统支持设备运行和特殊事件的计划安排功能，控制器使用单独的计划安排功能，它不与图形相联系，而是用文本/选单引导来驱动。控制器分组使假日和例外程序得以简化。对于控制器，操作员可对空调系统的每日运行建立一个正常或临时使用的计划表，可以先显示与希望的点有关的图形，然后确定或修改适当的计划表。对于特殊事件，如晚会，操作员可确定动作并安排这些动作，如按时间发生。所有点的报告和报警摘要也是计划安排的事件。全部工作都是用对话框设定的，可以用单击、翻动图面或键盘输入。

（9）历史和动态点趋势选择。

历史趋势：按操作员规定的速率得到采样点的数值，并把它记录在磁盘上，供以后用。数据可以曲线图形或标页面数的文本形式显示出来。操作员可以定义在一幅公共图表或文本画面上最多为 8 点一组的趋势。控制器以每点 10 s ～ 24 h 的采样速率，提供实际上不受限制的远方趋势能力。楼宇设备监控系统以每点 10 min ～ 24 h 的速率，从其他装置采样 300 点。趋势组可以包含任何楼宇设备监控系统的点的组合。并可采取任意采样速率的组合。为了显示数据，操作员要选择一个所希望的历史时间区间，软件会自动剔除废弃点的数值。

动态趋势：动态趋势以最多为 6 点的线形图来显示当前的数据，操作员规定各显示点的采样数量和采样速率（每点 5 s ～ 60 min），新的数值被采样的同时，老的数值就从图中消失。

（10）各种报表和信息记录。报表包含当前的和历史的点的数据和信息记录，操作员可以按要求打印屏幕画面，即通过供选用的彩色打印输出，可以打印在纸上或透明胶片上。操作员可通过选择起始图形和后续图形中的点，在所希望的时间安排输出。

（11）通用窗口软件。操作员可用一个窗口作为中心图形接口，而其他窗口可用作执行第三方软件专用（如电子表格软件或文字处理程序），可以提高工作效率。

（六）DHC 冷热源及输配系统与分子系统控制策略

1.DHC 冷热源及输配系统

（1）设备监控的主要内容。

设备监控的目的是控制温度、湿度，提高舒适性和节约能源。其监视范围为冷水机组、空气处理机组、热源站、送排风系统和变风量末端等。

制冷系统设备由冷水机组、冷却水泵、冷冻水泵和冷却塔组成，自动控制的主要目的是协调设备之间的连锁控制关系进行自动启停，同时根据供回水温度、流量、压力等参数计算系统冷量，控制机组运行达到节能目的。

空调机组系统控制为特定区域提供经过处理的空气，使特定区域的环境保持舒适性，通过监测温度、湿度参数，根据设定值，经智能控制器以控制水阀开度、设备启停，同时监测各设备运行状态、故障报警，及时对设备进行维护和修理。

采暖系统设备由锅炉、换热器和热水循环泵组成，主要依据供回水温度，控制换热器两侧阀门和热水循环泵的运行，以达到节约热能的目的，同时监测各设备状态，以便及时维护和修理。

末端控制包括变风量和定风量两种，定风量末端大多采用温度控制器加三速开关控制电磁阀方式调节。变风量末端一般自身带有控制设备，可用 DDC 同其接口监测有关参数及运行状态，以达到控制要求。

（2）一次泵冷冻水系统。

①设备联锁。

一次泵冷冻水系统在启动或停止过程中，冷水机组应与冷冻水泵、冷却水泵、电动蝶阀和冷却塔等进行电气联锁、机械联锁。只有当所有附属设备及附件都正常运行之后，冷水机组才能启动；而停止运行的顺序则相反，先停止冷水机组运行，延迟一段时间后，再停止附属设备的运行。

②压差控制。

末端采用二通阀的空调水系统，冷冻水供水、回水总管之间必须设置压差控制装置，压差控制由旁通阀及压差控制器组成。此旁通阀通常接于分水器、集水器之间，这对于阀的稳定工作及维护管理是较为有利的。压差控制器（或压差传感器）的两端接管应尽可能靠近旁通阀两端，应设于水系统中压力较稳定的地点，以减少水流量的波动，提高控制的精度。压差传感器控制精度为误差不超过控制压差的 5% ～ 10%。

③设备运行台数的控制。

回水温度控制冷水机组运行台数的方式适合于冷水机组给定供水温度的空调水系统，也是目前广泛采用的水系统形式。通常冷水机组的供水温度设定为 7 ℃，不同的回水温度反映了空调系统中不同的需冷量。设计冷冻水系统时，回水温度定为 12 ℃，供水、回水温差为 5 ℃。但是，目前较好的水温传感器精度约为 0.4 ℃。因此，控制回水温度的方式在控制精度上受到了温度传感器的限制。为了防止冷水机组启停过于频繁，采用此方式时，一般不能自动启停冷水机组，而采用自动监测、人工手动启停的方式。

冷量控制是用温度传感器和流量传感器测量用户的供水、回水的温度（T_1、T_2）及冷冻水流量（W），计算实际需冷量 $Q=W(T_2-T_1)$，由此可决定冷水机组的运行台数。在冷量控制时，传感器应设置在旁通阀的外侧（即用户侧）。若将传感器设置在分水器、集水器之间，会使冷量的计算误差偏大，这对机组台数控制显然是不利的。

流量传感器的测量精度为 1%，水温传感器的测量精度为 0.4 ℃，水温测量的相对误差对供水来说为 0.4/7×100%=5.7%，对回水来说为 0.4/12×100%=3.3%，它们都远低于流量传感器的测量精度。

为了保证流量传感器达到其测量精度，应把它设于管路中水流稳定处，并在设计安装时保证其前面（来水流方向）直管段长度不小于 5 倍接管直径，后面直管长度不小于 3 倍接管直径。

（3）二次泵冷冻水系统。

二次泵系统监控的内容包括设备联锁、冷水机组台数控制和次级泵控制等。从二次泵系统的设计原理及控制要求来看，要保证其良好的节能效果，必须设置相应的自动控制系统才能实现。也就是说，所有控制都应是在自动检测各种运行参数的基础上进行的。二次泵系统中，冷水机组、初级冷冻水泵、冷却泵、冷却塔及有关电动阀的电气联锁和机械联锁启动程序与一次泵系统完全相同。

①冷水机组台数控制。

在二次泵系统中，由于连通管的作用，无法通过测量回水温度来决定冷水机组的运行台数。因此，二次泵系统台数控制必须采用冷量控制的方式，其传感器设置原则上与一次泵系统冷量控制相类似。

②次级泵控制。

次级泵控制分为台数控制和变速控制。

当系统需水量小于次级泵组运行的总供水量时，为了保证次级泵的工作点基本不变，稳定用户环路，应在次级泵环路中设旁路电动阀，通过压差控制旁路水量。当旁通阀全开而供水、回水压差继续升高时，则应停止一台次级泵的运行；当系统需水量大于运行的次级泵组总水量时，即旁通阀全关且压差继续下降，这时应增加一台次级泵投入运行。采用这种方式控制次级泵时，由于压差的波动较大，测量精度为 5% ～ 10%，精度受到一定的限制。用户侧设有流量传感器，可以直接根据此流量测定值与每台次级泵设计流量进行比较，即能得到需要运行的次级泵台数。由于流量测量的精度较高，因此流量控制是较精确的方法。当然，旁通阀还是需要的，它只作为水量旁通用，不参与次级泵台数控制。

变速控制是针对次级泵为全变速泵而设置的，其控制参数可以是次级泵出口压力或供水、回水管的压差，通过测量被控参数值与给定值相比较，改变水泵电机频率，控制水泵转速。当转速达到 50 Hz 时，就可以增加一台水泵运行；当转速降到给定的最低频率时，就应停止一台水泵运行。必须注意，变速控制时，运行水泵的频率都应相同。采用变速控制可以起到十分显著的节能效果。

（4）冷却塔的控制。

冷却塔与冷水机组通常是电气联锁的，这一联锁不要求冷却塔风机必须随冷水机组同时运行，只要求冷却塔的控制系统投入工作，一旦冷却水进水温度未达到要求时，则自动启动冷却塔风机。因此，冷却塔是利用冷却水进水温度来控制风机的。风机运行既可以采用台数控制，也可用变速控制。在台数控制时，进水温度过高，则增加运行风机台数；进水温度过低，则减少运行风机台数。在变速控制时，只要风机投入运行，全部风机在相同频率下运转，当进水温度高于设定值时，则提高风机运转频率，加大风量；当进水温度低于设定值时，则降低风机运转频率减小风量；当运转频率降低至设置的停机频率时，则自动停止风机运行。采用变速控制时，节能效果显著。

（5）热水系统及冬夏转换。

①热交换器的控制。

空调热水系统与冷水系统相似，通常是以供水温度来设计。因此，控制热交换器的常见做法是：在二次水出口设温度传感器，由此控制一次热媒的流量。当一次热媒的水系统为变水量系统时，其控制流量应采用电通二通阀；若一次热媒的水系统不允许采用变水量时，则应采用电动三通阀。当一次热媒为热水时，应采用等百分比型电动阀调节性能；一次热媒为蒸汽时，电动阀应采用直线阀。

当系统内有多台热交换器并联使用时，应在每台热交换器二次热水进口处加电动蝶阀，把不使用的热交换器水路切断，保证系统要求的供水温度。

②冬、夏工况转换。

空调水系统冬、夏工况的切换只是在两管制的系统中才使用，通常昰通过在冷热的供水、回水总管上设置阀门来实现的。自动控制设备的使用方式决定了冷水、热水总管的接口位置及切换方式。

a. 冷热计量分开、压差控制分开。

在这种情况下，冷水、热水总管可接入分水器、集水器。从切换阀的使用要求来看，当使用标准不高时，可采用手动阀。如果自动化程度要求较高时（尤其是在过渡季有过渡转换要求，需要来回多次切换的系统，为保证切换及时并减少人员操作的工作量），应采用电动阀。这种方法的主要优点是冷热水旁通阀各自独立，各控制设备都能根据冷水、热水系统不同特点来选择、设置和控制，压差控制和测量精度较高。

b. 冷热计量及压差控制冬夏合用。

采用这种方法时，冷量、热量计量及测量元件和压差旁通阀都按夏季来选择，当用于热水时，由于流量测量仪表及旁通阀的选择偏大，将使其控制和测量精度下降。

（6）冷热源机组设备监控。

①冷水机组的监测与自动控制。

冷冻站一般有多台冷水机组及其辅助设备，共同构成了冷冻水系统和冷却水系统，由 DDC 直接控制每台冷水机组的运行和监测冷冻水、冷却水系统的流量、温度和压力等参数。把冷水机组所制冷冻水经冷冻水泵送入分水器，由分水器向各空调分区的风机盘管、新风机组或空调机组供水后返送回集水器，经冷水机组循环制冷的冷冻水环路称为冷冻水系统。

冷却水由冷却水泵送入冷冻机进行热交换，带走冷凝器的热量。经吸热后温度较高的冷却水，循环进入冷却塔上部喷淋。由于冷却塔风机的转动，使冷却水在喷淋下落过程中，不断与室外空气发生热交换而冷却，冷却后的水又重新送入冷水机，这个冷却水环路称为冷却水系统。

a. 冷冻站运行参数的监测。

用温度传感器监测冷水机组出口冷冻水温度。监测分水器供水温度；监测集水器回水温度；监测冷却水进水温度；监测冷却水出水温度；冷却水出水与进水温差，间接反映了冷负荷的变化，也反映了冷却塔风机的冷却效率；监测冷冻水回水流量，并在 DDC 及中央站显示、计算；监测冷水机组、冷冻水泵、冷却水泵、冷却塔运行与故障状态，并提供故障报警。

b. 冷水机组运行参数的自动控制。

冷冻水环路压差的自动控制，为了保证冷冻水泵流量和冷水机组的水量稳定，通常采用固定供回水压差的方法。当负荷降低时，用水量下降，供水管道压力上升；当供回水压差超过设定值时，DDC 控制电动旁通阀的开度，减小了系统的压差。当压差低于设定值时，DDC 控制电动旁通阀关闭。

当冷水机组进入稳态运行后，中央空调监控系统实时进行冷负荷计算。根据冷负荷情况，自动控制冷水机组、冷冻水泵和冷却水泵的启停台数，达到节能的目的。另外，DDC 还可进行冷负荷计算，可分时段查阅冷负荷总量。

c. 冷水机组的联锁控制。

为了保证机组安全运行，对冷水机组及辅机实施启停联锁控制。启动顺序为冷却塔，冷却水泵，冷冻水泵，冷水机组；停机顺序为冷水机组，冷冻水泵，冷却水泵，冷却塔。

②锅炉机组的监测与自动控制。

在夏季制冷、冬季采暖的建筑中，当制冷设备采用压缩式冷水机组时，冬季没有热源的情况下，只有依赖锅炉房。

a. 锅炉运行参数的监测。

监测锅炉出口热水温度，并在 DDC 和中央站显示，超限则报警。

监测锅炉出口热水压力，并在 DDC 和中央站显示。

监测锅炉出口热水流量，并在 DDC 和中央站显示。

监测回水干管压力，并在 DDC 和中央站显示，同时为补水泵提供控制信号。

计算单台锅炉的发热量，考核锅炉的热效率。

监测电锅炉、给水泵的运行状态、故障状态及提供故障报警。

b. 锅炉运行参数的自动控制。

当回水压力低于设定值时，DDC 自动启动补水泵进行补水；当回水压力上升到设定值时，补水泵自动停泵；当工作泵出现故障时，自动投入备用泵。

根据分水器、集水器的供水、回水温度及回水干管流量测定值，实时计算空调所需的热负荷，按实际热负荷自动启停电锅炉及给水泵台数，达到节能目的。

c. 锅炉的联锁控制。

启动顺序：①开启给水泵；②开启电锅炉。

停机顺序：①停机电锅炉；②停机给水泵。

③直燃机组的监控。

直燃机组具有供冷、供热和供卫生热水的功能。就其监控系统而言，与压缩式冷水机组的监控系统基本相同。在夏季冷冻水供应系统的温度、压力、流量等参数的监测完全与冷水机组相同。冬季制热时，冷却水循环泵和冷却塔停止运行，相关的参数也没有监控，由 DDC 执行冬季运行程序。

④热交换站的监控。

高层建筑的冷冻水大都采用闭式系统，由于水路管道和设备承压有限，当系统的静压超过设备承受能力时，则在高区另设闭式系统，即增加热交换站。高层区由二次泵供水，而冷冻站既为一次泵供水，也为二次泵环路的热交换器提供冷热源。

a. 热交换站运行参数的监测。

监测一次泵干管供水温度，并在 DDC 和中央站显示。

监测一次支管回水温度，并在 DDC 和中央站显示。

监测热交换器二次水出口支管温度，并在 DDC 和中央站显示。

监测分水器供水温度，并在 DDC 和中央站显示。

监测集水器回水温度，并在 DDC 和中央站显示。

监测二次干管回水流量，并在 DDC 和中央站显示、计算。

监测二次供水、回水压差，并在 DDC 和中央站显示。

监测低位膨胀水箱的液位，用以控制补水泵，并在 DDC 和中央站显示。

提供电动阀及电动调节阀的阀位显示。

提供二次水循环泵及补水泵运行状态、故障状态及故障报警显示。

b. 热交换站运行参数的自动控制。

测量热交换器二次水出口温度，送入 DDC 控制器与给定值相比较。根据测量值与给定值的偏差，DDC 按 PID 规律调节一次回水调节阀，使二次出口温度保持在给定值的范围内。

当二次侧负荷变化时，供回水管压力也在变化，供回水管压差超过设定值时，DDC 开启电动旁通阀，减少系统的压差；当压差回到设定值以下时，DDC 关断电动旁通阀。

当膨胀水箱水位降到下限值时，DDC 发出启动补水泵的指令；当水箱水位回升到上限时，DDC 发出停机指令，补水泵停机。

测量二次侧供水、回水温度和回水流量，实时计算二次侧冷（热）负荷，根据冷（热）负荷自动启停热交换器及二次水循环泵的台数。

c. 热交换站的联锁控制。

机组的启动顺序控制为：二次水循环泵启动，换热器供水管电磁阀开启，一次回水调节阀开启。

机组的停机顺序控制为：二次水循环泵停机，一次回水调节阀全关，换热器供水管电磁阀关断。

2. 空调机组设备监控

空调机组控制原则如下。

（1）无论何种空调机组，温度控制时宜采用 PI 型或 PID 型控制器，其调节水位应采用等百分比型阀门。

（2）控制器与传感器分开设置，一般情况下，传感器设于要求控制的位置或典型区域，而控制器应设于该机组所在的机房内。

3. 新风机组的控制

新风机组的控制包括送风温度控制、送风相对湿度控制、防冻控制、CO_2 浓度控制以及各种联锁控制。如果新风机组要考虑承担室内负荷，则还要控制室内温度或相对湿度。

（1）送风温度控制。

送风温度控制是指控制出风温度，适用于新风机组，以满足室内卫生要求，而不是承担室内负荷。因此，在整个控制时间内，其送风温度以保持恒定值为原则。由于冬季、夏季对室内要求不同，因此，冬季、夏季送风温度应有不同的要求。也就是说，新风机组确定送风温度值时，全年应有两个控制值，即冬季控制值和夏季控制值，同时必须考虑控制器冬、夏工况的转换问题。

（2）室内温度控制。

对于一些直流式系统，新风不仅要满足卫生标准要求，而且还要承担全部室内负荷。这时，必须控制室内的温度，将温度传感器安装在被控房间的典型区域。

（3）相对湿度控制。

①蒸汽加湿。

对于要求比较高的场所，应根据被控湿度要求，自动调整蒸汽加湿量，这时要求蒸汽加湿器用阀采用调节式阀门（直线特性），调节器采用 PI 型控制器。这种方式的稳定性较好，湿度传感器可设于机房内管道上。

②高压喷雾、超声波加湿及电加湿。

这三种都属于位式加湿方式。控制器采用位式，控制加湿启停或开关，湿度传感器设于典型房间区域。

③环水喷水加湿。

循环水喷水加湿采用位式控制器控制喷水泵启停时，则设置原则与高压喷雾情况相似。但在一些工程中，喷水泵本身并不作控制，只是与空调机组联锁启停，为了控制加湿量，在加湿器前设置预热盘管，通过控制预热盘管的加热量，保证加湿器后的"机器露点"，达到控制相对湿度的目的。

（4）CO_2 浓度控制。

为了保证基本的室内空气品质，通常采用测量 CO_2 浓度的方法来解决。各房间内均设 CO_2 浓度控制器，控制其新风支管上的电动风阀开度。同时，为了防止系统内静压过高，在总送风管上设置静压控制器控制风机转速，这样做不但新风负荷量减少，而且风机能耗也将下降。

（5）防冻与联锁。

在冬季室外设计气温低于 0 ℃的地区，应考虑盘管的防冻问题。除空调系统设计中应采取预防措施外，机组电气与控制方面也应采取一定的技术措施。

①限制热盘管电动阀的最小开度。

在盘管选择符合一定要求时，才能限制热盘管电动阀的最小开度。最小开度设置后应能保证盘管内水不结冰的最小水量。

②设置防冻温度控制。

通常可在热水盘管出水口设置温度传感器（控制器），测量回水控制。当所测值低于 5℃时，防冻控制器动作，停止空调机组运行，同时开大热水阀。

③联锁新风阀。

为防止冷风过量的渗透引起盘管冻裂，应在停止机组运行时，联锁关闭新风阀。当机组启动时，则打开新风阀，通常先打开风阀，后开风机，防止风阀压差过大无法开启。无论新风阀是开启还是关闭，防冻控制器都始终正常工作。

除风阀外，电动水阀、加湿器和喷水泵等与风机都应进行电气联锁。在冬季运行时，机组内所有设备启动前，热水阀均应开启。

4. 一次回风系统的控制

一次回风系统控制包括回风（或室内）温度、湿度控制，再热控制，防冻及设备联锁等。

（1）回风温度（或室温）控制。

一次回风空调机组与新风空调机组对温度控制原理都是相同的，即通过测量被控温度值，控制水量或蒸汽量而达到控制机组冷量、热量的目的，所不同的是温度传感器设置位置。一次回风空调机组温度传感器一般设于典型房间区域，直接控制室温。为了方便管理，有时，也把温度传感器设于机房内的回风管道中，由于室温与回风温度有差别，要对温度设定值给出修正值，以保证室温。

（2）回风湿度控制。

由于房间的湿容量比较大，无论采用蒸汽或水作为加湿媒介，或采用比例式或双位式作为控制方式，湿度传感器测量值都是比较稳定的。对于蒸汽加湿、高压喷雾加湿、超声波加湿以及电加湿，加湿段应设在热盘管之后。

在双管制系统中，预热盘管通常只在冬季使用，夏季则利用再热盘管作为冷盘管。因此，在夏季使用时，预热盘管的控制应切断，加湿控制停止工作。

（3）再热控制。

在一些夏季热湿比较小的系统中，夏季要考虑除湿问题，这时需要对冷却后的空气再热，防止室温过冷。这种系统在控制上较复杂，可做如下考虑。

夏季，室内温度传感器和湿度传感器同时控制冷盘管阀和再热盘管阀。若温度、湿度高于设定值，开大冷盘管阀，关小再热盘管阀；若湿度高于设定值，温度低于设定值，则冷盘管阀、再热盘管阀均开大；若温度高于设定值，湿度低于设定值，则开大冷盘管阀，关闭再热盘管阀，这时室内湿度偏小；若温度和湿度均低于设定值时，则关小制冷盘管阀，直至全关后若温度仍低于设定值时，打开再热盘管阀调节热量。

冬季，由于这种系统通常反映出的是室内湿负荷较大，一般不再考虑加湿问题，这时室温直接控制热盘管，即夏季的冷盘管电动阀，当该阀全开而温度仍然过低时，开再热盘管阀调节热量。

（4）防冻及联锁。

设有新风预热器或混合点（或加湿后的状态点）有可能低于 0 ℃的机组，或者冬季过渡季要求作全新风运行且新风温度可能低于 0 ℃的机组，才有必要考虑运行防冻问题。即便是停止运行时，机组的防冻也是必须考虑的。一次回风机组的防冻及联锁与新风机组基本相同。

5. 空调机组监控系统

（1）定风量空调系统的监控。

空调机接通电源后以恒转速运行，风量是恒定的，故称为定风量空调系统。其工作原理是改变送风温度，以适应室内负荷变化，维持室温不变。

①定风量空调系统运行参数的监测。

a. 监测新风温度、湿度，并在 DDC 和中央站显示。

b. 监测回风温度、湿度，并在 DDC 和中央站显示。

c. 监测送风温度、湿度，在 DDC 和中央站显示，提供超温、超湿报警。

d. 提供过滤器压差超限报警，提醒维护人员清洗过滤器。

e. 提供防冻报警，提醒维护人员采取防冻措施。

f. 监测送风机、回风机运行状态、故障状态，提供故障报警。

g. 提供电动调节阀、蒸汽加湿阀开度显示。

②定风量空调系统的自动控制。

空调回风温度的自动控制由温度传感器检测回风温度，送入 DDC 控制器与设定值比较，根据其偏差，由 DDC 按 PID 规律调节表冷器电动调节阀的开度，以达到控制冷冻（加热）水量，使空调房间维持在温度设定范围内。

由于中央空调监控系统对空调机组进行优化控制，使各空调机的电动调节阀始终保持在较佳开度，满足冷负荷的需求，进而控制冷水机组和水泵启动台数，节省了能源。

空调机组回风湿度调节与回风温度的调节过程基本相同。回风湿度调节系统是按 PI 规律调节加湿阀，以保持空调房间维持在湿度的设定值范围内。

新风电动阀、回风电动阀及排风电动阀的比例控制，把装设在回风管和新风管的温、湿度传感器所测的温度、湿度值，送入 DDC 进行回风及新风焓值计算，输出相应的电压信号控制新风阀和回风阀的比例开度，使系统在较佳的新风 / 回风比状态下运行，以便达到节能控制的目的。

排风阀的开度控制从理论上讲应该和新风阀开度相对应，正常运行时，新风占送风量的 30%，而排风量应等于新风量，因此排风电动阀开度也就确定了。

③联锁控制。

空调机组启动顺序控制为：启动送风机、开启新风阀、启动回风机、开启排风阀、开启回水调节阀、开启加湿阀。

空调机组停机顺序控制为：送风机停机，关加湿阀，关回水阀，停回风机，新风阀、排风阀全关，回风阀全开。

发生火灾时，由楼宇设备监控系统发出停机指令，统一停机。

（2）变风量空调系统的监控。

变风量空调系统属于全空气送风方式，特点是送风温度不变，改变送风量来满足房间对冷热负荷的需要。表冷器回水调节阀开度恒定不变，用改变送风机的转速来改变送风量（也就是用变频调速装置来调节电机的转速）。

①变风量空调系统运行参数的监测。

a. 监测送风主干风道末端静压，通过变频器调节风机转速以改变送风量。

b. 监测送、回风机前后的风道压差，当送、回风量出现超差时，调节回风机转速来维持给定的风量差。

c. 监测回风管道的温度，调整表冷器回水电动阀的初始设定开度。

d. 监测回风管道相对湿度，控制加湿电动调节阀开度。

e. 监测送风机出口管道温度和湿度。

f. 监测回风管道的温度和相对湿度，确定新、回风阀开度。

g. 监测空气过滤器两端压差，提供显示报警。

h. 监测新风管风速，以保证变风量系统的最小新风得到控制。

i. 监测送风机、回风机运行状态，遇故障报警。

j. 提供风阀开度显示。

．k. 提供防冻报警。

②变风量空调系统的自动控制。

a. 送风量的自动调节。在变风量系统中，通常以系统送风主干管末端的风道静压作为变风量系统的主调节参数。根据主参数的变化来调节被调风机转速，以稳定末端静压。

其目的就是要使系统末端的空调房间有足够的风量来调节，如果风量能够满足末端房间对冷／热负荷的要求，系统其他部位的房间也自然满足要求。

如果系统为单区系统（即只有一根主干风道为一个区域供冷／热水的系统），就取系统端 70% ～ 100% 段管道静压作主参数。

如果系统是多区系统，即空调机出口有两根以上主干风道为两个以上的区域输送冷／热水的系统，则将每根主干管末端的风道静压取出，输入到 DDC 进行最小值选择，把最小静压作为变频调速器的给定信号，变频调速器根据此信号调节送风机的转速，以稳定系统静压。

系统的调节过程：当房间负荷需要风量增加（减少）时，管道静压降低（升高），传感器检测出静压变化量，送给 DDC，经 PI 运算后输出控制信号至变频器，变频器按此信号调速，当风量逐步与所需负荷平衡时，静压恢复到原来状态，系统工作在新的平衡点。

b. 回风机自动调节。在变风量系统中，调节回风机风量是保证送、回风平衡运行的重要手段。在正常工况下运行时，回风机随送风机而动，也就是送风机改变风量时，也要求回风机改变风量，回风量应小于送风量。如果送、回风机功率相等，那么回风机的转速应小于送风机转速。在实际工程中，常采用风道静压控制和风量追踪控制。

风道静压控制是回风机和送风机用同一系统末端的静压来控制，这种控制方式首先确定送、回风的差值，按此差值设定风机给定值，然后送、回风机共同遵循末端静压信号调节风机的转速。

风量追踪控制是取送风机、回风机前后风道压差信号，使它们之间保持固定的差值。当出现超差时，调节回风机转速以维持给定的风量差。

c. 相对湿度的自动控制。室内的相对湿度可通过改变送风含湿量来实现。通常取回风管道的相对湿度作为主参数，根据主参数变化调节蒸汽加湿阀的开度，以稳定系统的相对湿度。

d. 新风电动阀、回风电动阀及排风电动阀的比例控制。测量回风的温度、湿度和新风的温度、湿度，把测量值送入 DDC 控制器进行回风和新风焓值计算，按新风和回风的焓值比例控制回风阀的比例开度。由于新风量占送风量的 30% 左右，排风量应等于新风量，故排风阀的开度也就是新风阀的开度。

e. 变风量末端装置的调节。末端装置由空气阀和套装式送风口（散流器）及电动执行器组成，它是补偿室内负荷变化、调节房间送风量、维持室内温度的重要设备。在实际应用中，调节房间温度是通过室内恒温器直接控制末端装置的空气阀开度来实现的。此外，也可通过中央空调监控系统的指令自动调节末端装置，来满足房间的温度要求。

③变风量系统的联锁控制。

新风电动阀、排风电动阀与风机联锁。风机开启，电动阀开启，风机关闭，电动阀关闭，以防冬季冻坏换热器盘管和停机时空气粉尘进入风道。

当新风管设有一次加热器时，风机联锁切断加热器电源。

风机联锁停机切断蒸汽发生器电源。

发生火灾时，由中央管理站或中央站关停空调机。

变风量系统的启、停顺序控制与定风量系统相同。

6. 风机盘管系统监控

（1）风机转速控制。

目前，几乎所有风机盘管中的电机均采用中间抽头，通过接线实现对风机高、中、低三转速控制，均由操作者通过手动三速开关来选择。

（2）室温控制。

室温控制是通过调节冷、热水量而改变盘管的供冷量或供热量，控制室内温度。供水系统为二管制系统时，电动阀为冬夏两用；当水系统采用四管制时，则分开设置电动冷水阀和电动热水阀。冬夏转换有手动和自动两种方式，应根据系统形式及使用要求来决定。四管制系统一般应采用手动转换方式。

二管制系统则有以下三种常见做法。

①温控器手动转换。

在各个温控器上设置冬夏手动转换开关，夏季时供冷运行，冬季时供热运行。在夏季时，若室温过高，电动水阀开启；若室温降低至设定值时，电动水阀关闭。在冬季时，若室温过高则关闭水阀，室温过低则开启水阀。

②统一区域手动转换。

对于相同使用功能的风机盘管，可以把转换开关统一设置，集中进行冬夏工况转换。

③自动转换。

如果无法做到统一转换，则可在温控器上设置自动冬夏转换开关。当水系统供冷水时，自动转换到夏季工况；当水系统供热水时，自动转换到冬季工况。

（3）风机的温度控制。

在风机盘管系统中，风机的温度控制是指采用室温控制器自动控制风机盘管的风机启停。在夏季时，室温高于设定值则自动启动风机，室温低于设定值则自动停止风机。冬季时动作相反。

（4）风机盘管＋新风系统的监控。

风机盘管＋新风系统属于集中处理全部新风，然后送往各空调房间，在各房间进风处进行再处理的系统。在建筑物内，空调所需的风量全部经过新风机组集中处理，以一个恒定的温度、湿度送出，到各房间入口经过风机盘管再处理送入房间。风机速度和电动阀均由室内温控器控制，风机速度分高、中、低 3 档，装在盘管的回水管上的电动阀可方便地调节各房间的温度。

①新风机组运行参数的监测。

a. 监测新风机进口温度和湿度。

b. 监测新风机出口温度和湿度。

c. 监测表冷器温度低于 5 ℃时，防冻开关动作，回水电动阀将自动开启到一定的程度，同时向管理中心报警。

d. 监测过滤器两端压差，压差超限时提供报警，提醒操作人员及时清洗。

e. 监测回水电动调节阀开度和蒸汽加湿调节阀开度。

f. 监测新风机运行状态、故障状态，提供故障报警。

②新风机组运行参数的自动控制。

a. 新风机组的温度自动控制。

b. 测量新风机出口温度，送入 DDC 与给定值相比较，根据其差值由 DDC 按 PID 规律调节表冷器回水电动阀开度，控制冷冻（加热）水流量，使房间温度保持在设定值的范围内。

c. 新风机组的湿度自动控制。

d. 测量新风机出口湿度，送入 DDC 与给定值相比较，根据其偏差由 DDC 按 PID 规律调节加湿阀，控制喷汽量，使房间相对湿度保持在设定值范围内。

e. 当被调房间温度、湿度均偏离设定值时，应比较温度、湿度偏差大小，优先调节偏差大的参数。

③风机盘管控制。

风机盘管的控制是由带三速开关的室内温度控制器来完成，温度控制器安装在室内，接通温度控制器时，开启风机盘管的回水电动阀，为房间提供空气再处理的冷热源，温度到达设定值，自动关闭阀门。通过冬夏选择开关，可使其自由切换冬季或夏季的工作状态。

④联锁控制。

a. 新风机组启动顺序控制为：启动新风机、开启新风机风阀、开启回水电动调节阀、开启蒸汽加温电动调节阀。

b. 新风机组停机顺序控制为：新风机停机、关闭加湿电动调节阀、关闭回水电动调节阀、关闭新风机风阀。

c. 火灾时，由楼宇设备监控系统或中央空调监控系统统一发出停机指令。

综上所述，中央空调监控系统通过各种技术手段，对系统各组成部分实施有效的监控，保障系统按原设定状态可靠地运行，提高设备运行的安全性、可靠性，节省管理人员，提高使用效率，在保障空调舒适性的前提下，达到节约能源的目的。据有关专家估算和预测，中央空调监控系统可以节约电能达 20%，减少了运行费用。

二、能耗管理系统

（一）空调能耗计量仪表

DHC 系统能源形式复杂、装机容量大、服务面积大、冷热量需求大，怎么评价系统的优劣就成了大家首要关心的问题。水、电、气等能耗的计量已经非常普遍且成熟，而空调冷热量的计量国内起步较晚，方式原理多样，合理、正确地选择仪表类型就显得十分重要。在区域供冷供热系统及建筑群的设计之初就必须同时考虑空调冷热量计量仪表的安装条件，否则对仪表的后期安装和准确计量会带来严重影响。空调计量的方式目前主要有两种：直接计量和间接计量。

1. 直接计量

直接计量指"流量 × 温差 = 冷（热）量"的能量型计费方式，是一种目前被国际上认可的、符合我国建设行业标准和计量检定规程要求的一种计量方式。根据流量计量结构和原理的不同，流量计量仪表可划分为机械式、电磁式和超声波式三种，对比如表7-1 所示。从市场行情和实际占有率来看，建议使用电磁式和超声波式能量表。

表 7-1　流量计量仪表结构和原理的对比

对 比 项 目	机 械 式	电 磁 式	超 声 波 式
原理	流体推动运动部件进行流量计量	利用法拉第电磁感应定律进行流量	利用超声波在流体中传播的速度差进行流量计量
寿命	短	长	较长
精度	中	高	较高
压损	大	微	中
供电	电池	外供电	电池
价格	低	高	中

2. 间接计量

间接计量指通过采集风机盘管运行状态，转换系数得出使用时间，最后通过能量型计量总表进行比例分摊的一种计量方式，通常也称为时间型计量。

间接计量与直接计量方式对比如表7-2 所示。

表 7-2　间接计量与直接计量对比

对 比 项 目	能 量 型	时 间 型
科学性	是	否
法定计量	是	否
收费方式	直接计量	时间分摊能量
施工类型	管道施工 + 电气施工	纯电气施工
计量精度	高	无
检修维护	检修相对复杂	电子设备，检修方便

续表

对 比 项 目	能 量 型	时 间 型
计量对象	分户、分层、楼栋	末端风盘为主
户型变化	无法适应	无影响
供电方式	外供电、电池供电	外供电
价格	单价高	总价较高

综上所述，不同的计量方式适用的范围不同。直接计量适合楼栋、分层、分区等大面积计量；间接计量适合公寓、住宅等小面积计量。

（二）能耗计量管理系统

能耗计量管理系统是指通过对公共建筑安装分类和分项能耗计量装置，采用远程传输的手段实时采集能耗数据，实现对建筑能耗的在线监测和动态分析功能的软件系统和硬件系统的统称。其中分类能耗是指按主要能源种类划分进行采集的能耗数据，如电、燃气、蒸汽、水等，分项能耗是指按各类能源的主要用途划分进行采集的能耗数据，例如电量分项能耗应当包括冷水机组用电、水泵用电、冷却塔用电等。

1. 能耗计量管理系统对于 DHC 系统的意义和作用

能耗计量是节能和管理的基础，若缺少科学的计量数据，就无法找到节能降耗的关键环节，无法提高能源的综合利用率。

（1）能耗计量在节能工作中具有指导作用。

能耗计量在节能中用数据说话，根据计量反馈的数据，经营者可以及时作出节能方向的决策，在企业众多节能项目中，选择关键性项目，并在人力、物力和财力上给予积极的支持，在能耗大的关键部位、关键环节进行节能技术改造，达到节能的技术目的，同时提高企业的经济效益。

（2）能耗计量在运营工作中具有调节作用。

根据能耗计量反馈的数据进行统计和分析，使企业内部的能源供需矛盾及时得以缓解，比如在能源紧缺的情况下，运营部门可以根据计量数据将能源供向关键性站点，起到确保重点、兼顾一般的作用，及时解决站点之间在用能上的矛盾。

（3）能耗计量在运营工作中具有计划作用。

根据能耗计量反馈的数据，全面分析实际用能情况，使经营者掌握耗能动态，在编制生产计划时下达能耗指标，超前制定节能措施。

（4）能耗计量为节能措施提供可靠的科学依据。

完善的计量器具配置、准确的计量仪表、大量可靠数据的统计，对项目在实施节能措施前做可行性分析提供准确数据。

（5）能耗计量为节能减排工作提供了量化的依据。

节能减排工作的前提需要有准确的能耗计量，没有计量，节能减排就没有了量化的依据；没有计量，节能减排的目标就无法真正实现。

（6）能耗计量具有激励员工节能积极性的作用。

准确的测量数据最有说服力，只有准确的数据才能使各项节能制度及节能责任真正落到实处。将节能指标层层分解落实到能源站、班组及个人，以计量数据为准进行考核，做到多节多奖、少节少奖、不节不奖、超多少罚多少的奖惩制度，并对节能奖拉开档次，提高广大员工的节能积极性。

2. 能耗计量管理目前存在的主要问题

（1）对能耗计量管理的重要性认识不足。

部分企业的经营者认为能耗计量是只投入不产出的工作，对能耗计量工作重视不够，片面追求产量和产值，不顾及高耗能、高污染、高排放的问题，忽视了能耗计量管理对企业管理水平和生产效率以及社会责任等方面带来的巨大间接效益。

（2）企业现有的能耗计量管理体系不完善。

企业组织机构和制度不健全，执行不严格，管理人才缺乏。没有确立生产和工艺流程中测量过程的控制、计量产生的数据管理和应用等职能。相应的人员缺少系统的能耗计量知识和专业化的管理经验，人员素质不能满足现代化能耗计量管理的要求。

（3）能耗计量器具配备率及检定率低，管理不到位。

计量器具的安装数量、位置、精度与实际要求相比差距较大，周期检定校准率低，计量器具台账不规范。对不合格的计量器具不能及时更新，导致能耗统计的用能数据准确性不够。

（4）能耗计量数据采集、管理和应用较差。

能耗计量数据的统计、汇总管理分散，数据未实现在线采集、分析和应用。没有把能耗计量数据作为企业量化管理、实现真实成本核算的基础。缺少健全的信息化网络管理系统。

（5）能耗计量系统是一个信息孤岛。

信息孤岛指在一定范围内，需要集成的系统之间相互孤立的现象。实施的局部应用使得各系统之间彼此独立，信息没有共享，成为一个个信息孤岛。

3. 解决问题的主要途径

（1）在政府层面，首先要培养全民的节能意识。各级政府应采取多种方法和措施，宣传节能基本国策的重大战略意义，宣传节能的方针政策、法律法规和标准规范，强化能耗计量的法制观念，形成人人关注节能的社会氛围。《中华人民共和国节约能源法（2018年修正）》规定，任何单位和个人都应当履行节能义务。

（2）在管理者层面，企业的管理者要转变观念，切实提高认识，充分认识到节能减排是政府的要求、企业的责任。节约能源可以减少排放，减少资源的消耗，减少环境污染，是利国利民的好事大事。同时还要认识到，节能减排能够为企业降低生产成本并带来经济效益。管理者应从思想深处真正重视能耗计量工作，加大对能耗计量与装备的投入；加强计量人才队伍的建设，选择具有一定管理经验的技术人员，进行计量专业培训，提高人员的专业素质，从管理和技术两方面加强建设，以适应现代能耗计量管理的需要。

（3）提高能耗计量器具的配备率和对能耗计量检测过程的控制水平，并认真做好计量器具的检定、校准工作，确保计量器具的准确可靠，在全面、准确、实时的数据基础上，通过科学评估、预算等多种方法发现问题。

4. 实际工作中的注意事项

（1）DHC 系统规则在项目初期就应该介入土建规划，根据能耗计量管理系统的设计提出建筑条件，比如，计量仪表的安装位置和空间、计量仪表的预留配电接口和配电容量、信号采集的方式和路由规划等。

（2）为保障运营利益，确保空调计量仪表正常工作，原则上以楼栋数量或立管数量为基准，向设计院提议预留对应数量的计量专用配电箱供计量仪表使用。这样做的优点如下：一是整体规划配电方式和配电回路，有利于后期施工管理和运营管理；二是避免在现场随意就近取电，提高计量仪表供电的可靠性。

（3）为确保能耗计量管理系统稳定采集远程计量仪表数据，主干通信首选采用光纤网络通信的方式，尽量不采用无线或有线串口的通信方式。

（4）计量仪表的通信接口首选 RS-485，并使用标准 Modbus/Rtu 协议或相关行业标准协议。

（5）根据流量选择的能量表口径与现场管道口径可能不符，往往需要缩径，但缩径最好不要过大，最大变径不要超过两档，避免缩径带来管道压损对管网的影响。

（6）如果采用时间型计量方式，一定要在时间型计量区域范围内安装能量型计量总表，作为计量分摊的依据。

（7）由于不同口径空调能量表的计量工况差异，不建议采用"分表 1+ 分表 2+…+ 分表 n= 总表"的公式来计算分表的读数。

（8）原则上应以楼栋立管为单位安装楼栋能量总表，以利于按区域进行能耗监测和统计分析。

（9）能耗计量管理系统应具备共享数据的接口，将采集的能耗数据共享给第三方系统使用，建议使用 OPC 或 WebService 接口；同时管理系统应具备获取第三方系统数据接口的能力，至少应具有 ODBC、OPC、WebService 等接口，这样才能消除信息孤岛。

（10）能耗计量管理系统一般建议使用如图 7-2 所示主体架构，便于扩展和维护。

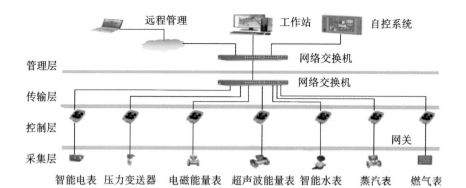

图 7-2　能源计算管理系统主体架构

（11）能耗计量管理系统的基础功能要求。

①实时数据采集。

②完成对计量仪表的通信。

③能耗监测。

④实时显示各仪表数据。

⑤异常报警。

⑥通信异常或超过设定值进行报警提示。

⑦能耗统计分析。

⑧对所有仪表数据按年、月、日、时段等进行统计分析。

⑨历史数据查询。

⑩存储采集的仪表数据，实现对历史数据的查询。

⑪报表生成。

⑫根据业务需求的不同，完成计量收费、能耗统计等报表。

（12）由于区域供冷供热系统是以输送空调冷热量为主要目的的系统，因此在能耗计量管理系统中有必要增加空调使用指标相关的进阶功能要求，比如同时使用系数、逐时负荷系数、客户用能指标、系统 cop、能源站逐时负荷等。

总之，能耗计量管理是一个持续改进的过程，只有通过能耗计量管理系统平台，运用信息化的强大优势，利用各种先进的技术成果，长期、持久地为企业的能耗管理服务，才能达到节能降耗的目标。

第二节　智慧能源在 DHC 系统中的作用

一、区域能源存在的问题

国内区域能源虽然在设计阶段采用集约、高效、节能的设计理念，建设阶段采用最新的节能技术，但由于缺乏专业的运营管理体系和人员，导致区域能源项目粗放式运行，节能效果不明显甚至高能耗，盈利能力很弱甚至部分需要政府补贴维持。

实际工作中，部分区域供冷供热系统运行管理存在如下问题。

对运营管理重视程度不够。针对 DHC 运营的管理制度，管理人员不够专业，导致 DHC 系统效率低下，寿命缩短，能源浪费。运营人员缺乏成体系的专业培训。缺乏运营专业操作规程，只做简单的启停操作。运营人员没有足够的能力分析运行过程中产生的数据，从而挖掘运行中节能、增效、降低成本的空间。缺乏专业的诊断维护团队进行精确维护，降低维护成本。

系统运营管理也存在以下弊端：

供能效果不理想，做不到自适应的调整。运行成本高、人工管理成本高。传统的管理对事故和故障无法预测，只能发生后再处理，给用户带来很大的不便，甚至导致相关重大损失。设备使用寿命短，由于运行不合理，而传统管理人员并不具备从运行数据中找到如何合理使用的答案，从而导致部分设备的使用寿命缩短。系统运行能耗高，没有合理地利用运行数据进行相关分析，传统的管理人员没办法挖掘运行中的节能空间，没有能力对运行中的系统进行跟踪，更没有能力作出实时优化运行策略的调整。

二、区域能源大数据存在的问题

传统的智能化系统一般采用反馈控制策略，设计时对负荷需求和设备运行都做了大幅度的简化和假设，在系统设备良好的情况下一般能满足正常运行。但是在区域供冷供热系统中，面对几十甚至上百栋的建筑群和复杂多变的用户单元，以及多年运行后设备老化等情况，DHC 的运行逐渐低效而且耗能。面对复杂的 DHC 系统，需要大数据分析、人工智能平台在不同阶段满足不同的需求。

目前，随着新型传感器、新的传输机制（如多址技术、扩频技术等）、光纤传输技术、数据预处理技术等的发展，信息系统通信质量在不断地提升。基于能源数据分析处理的决策在不断地推进能源系统优化，在能源生产、传输、消费等环节已得到初步的应用和实践。但由于在信息管理机制、信息基础设施建设、信息安全等方面仍面临诸多问题，区域能源大数据的建设与应用程度较低，成为制约能源系统"互联网+"升级的瓶颈。目前能源大数据存在的问题可概括为以下几点。

（一）能源系统普遍存在信息孤岛

海量能源数据的获取是建设能源大数据的基础，但能源领域普遍存在的信息孤岛问题却成为制约能源数据资源整合的一个重要因素。

一方面，在电力、煤炭、石油、天然气等能源企业信息化的进程中，由于缺乏有效的统一管理机制，造成能源企业存在多套独立的能源管理系统，通过各自的传感器可以采集单独系统的数据。但由于各系统架构、协议等不一致，采集的数据无法共享，能源大数据无法进一步分析；另一方面，传统电力及其他能源系统长期保持着各自规划、独立运行、条块分割的局面，跨行业壁垒严重，能源系统之间的信息封闭，使得信息孤岛问题进一步突出，制约了能源大数据的发展。

（二）支持能源大数据的基础设施存在短板

大数据需要从底层芯片、基础软件、应用分析软件等信息产业全产业链的支撑。在这一系列基础设施建设上，我国能源信息基础设施仍存在短板。

一方面，在传感技术、新型计算平台、分布式计算架构、大数据处理、分析和呈现方面，我国能源信息技术与国外均存在较大差距，难以进行能源行业的多源、多态及异构数据的广域采集、高效存储和快速处理。以智能电网用电数据为例，其数据来源包括了企业、供电公司以及第三方能源公司，从数据量级、覆盖范围、数据颗粒度以及可获得性等方面比较，均有较大差异。

另一方面，能源信息数据开发应用意识不强，一体化系统中采集了大量的能源数据，但将现有数据转化为资源优势，用于提高能源系统的优化运行水平，仍有待加强。

（三）能源信息安全问题突出

能源系统的开放、兼容和互联必然伴随着风险，目前整个能源系统的安全形势仍然严峻，特别是随着互联网技术在能源系统的应用，开放互联的网络和信息与物理组件的交互使得能源系统面临着巨大的安全挑战。能源大数据是建立在能源数据公开、共享的基础之上，能源大数据技术将用户大量用能信息进行集聚，很可能造成隐私泄露。因此，能源大数据必须加强能源信息安全防御能力。另一方面，在能源大数据建设中，协调共享与安全是必须首先解决的重大课题。

三、区域能源智慧云系统

（一）系统概述

1. 系统意义

区域能源智慧云系统是管理区域能源运营的大数据系统，利用当今前沿的综合技术支撑区域能源可持续发展，构建区域能源标准管理体系与管理流程，降低管理成本、运行成本、维护成本，提高管理专业水平；保证系统运行安全、降低设备故障率、降低系统事故率；提高系统稳定性、降低折旧性、延长设备使用寿命；自动满足使用要求，系统能根据实际需求进行自适应调节；提高系统供能品质、提高室内环境舒适性；充分挖掘节能潜力，降低运行费用，提高经济与环境效益。

2. 系统成果

区域能源智慧云系统数据中心已于 2018 年在武汉金融港开始建设实施，目前着力解决能源站运营管理阶段数据挖掘分析、智能控制、智慧运维、经济分析、客户服务、人员培训等日常经营活动的需求。被武汉市政府委托为"武汉市区域能源应用研究中心"。目前接入的区域能源项目数量达 10 余个，受控面积接近 600 万平方米，平均系统能源利用率提升 20% 左右（湖北省电子信息产品质量监督检验院认证），发明专利 6 项，实用新型专利 10 余项，软件著作权 1 项。重点项目包括武汉金融港、武汉软件园、国家网络安全与人才创新基地、合肥金融港、北辰光谷里等。

3. 系统内涵

区域能源智慧云系统是运用信息和通信技术手段感测、分析、整合区域能源运行核心系统的各项关键信息，从而对包括组织管理、成本管控、系统维护、客户服务、供能保障、智能运行在内的各种需求做出智能响应，实现区域能源智慧式管理和运行，使区域能源项目可持续成长。区域能源智慧云系统把区域能源本身看成一个生态系统，日常运营活动中的组织管理、成本管控、系统维护、客户服务、供能保障、智能运行等构成了一个个子系统。系统借助新一代的物联网、云计算、决策分析优化等信息技术，通过感知化、物联化、智能化的方式，将区域能源中的物理基础设施、信息基础设施、社会基础设施和商业基础设施连接起来，成为新一代的智慧化基础设施，使区域能源中各领域、各子系统之间的关系显现出来，就好像给区域能源装上了网络神经系统，使之成为可以指挥决策、实时反应、协调运作的"系统之系统"。

区域能源智慧云系统是区域能源中各领域所产生的电子化数据的集合以及存储和应用这些数据的计算机及网络环境，其表现形式除了信息网络、服务器、存储设备以及相关的机房环境外，还包括数据库、数据仓库以及相关应用系统。数据中心通过统一的数据定义和构架，以及集中的数据环境在不同的异构数据库中进行数据采集、分析和整合，从而实现数据共享和应用。

4. 系统先进性

区域能源智慧云系统基于标准数据规范实现业务信息协同、数据统一管理、综合决策分析等功能需要，在数据规模、集成范围、应用领域等方面与普通的区域能源智能化系统相比存在着一定优势。

（1）区域能源智慧云系统的数据规模更大：涉及区域能源日常运营管理的方方面面，每个领域都在不停地产生各类数据，很短时间内数据规模就能达到海量级，即数十到上百万亿字节，需要应用虚拟化、云计算等技术进行实现。而普通的智能化系统只涉及自动控制与能耗采集业务应用，数据规模比较小，决策分析处理简单，协同应用过程几乎没有。

（2）区域能源智慧云系统的集成范围更广：不仅需要集成远程（上、下级）数据中心的相关数据，而且需要集成企业资源计划系统、智能控制系统、能源管理系统、办公自动化系统、财务系统等数据，实现数据集成、应用集成、流程集成，以保证数据管理、查询与分析的需要。

（3）区域能源智慧云系统的应用领域更大：不是为某个应用系统提供数据服务，而是为区域能源日常运营中涉及的多领域、多专业、多应用提供综合决策分析、数据管理与协同应用服务，它对数据存储、传输、使用及管理要求更高。

5. 系统价值

（1）经济效益。

①利用大数据分析项目动态空置以及客户用能负荷的特征变化，优化空调负荷参数，合理配置设备容量与余量，节省系统初投资。

②利用大数据分析各行业用能需求变化，从而判别各行业市场活跃趋势，为项目招商运营目标对象的范围提供辅助决策。

③相对于分散用能方式，DHC 因为集中运营维护管理，借助智慧管理云平台，可以减少运营维护人员配置，降低人力成本。

④减少管理成本。

⑤减少突发故障造成的经济损失。

⑥服务业务在该平台只增不减，加强客户对平台的依赖，挖掘更多服务价值。

（2）环境效益。

大数据技术的运行管理有事实依据，有历史数据指导，更容易从客观的数据中获得环境效益，挖掘增效空间。大数据基于系统的规模性和集成性，可优化动态水力平衡，进行设备的健康诊断，运用信息化、数据化手段构建运营维护管理平台，进行节能自动控制，在多用户、多业态间实现空调运营负荷与实际需求负荷的实时智能匹配调度，真正做到按需供能，降低空调能源消耗、减少浪费。

6. 政策支持

2016 年 2 月，发展改革委、国家能源局、工信部共同发布《发展改革委、能源局、工业和信息化部关于推进"互联网 +"智慧能源发展的指导意见》，将我国能源互联网构建分为两个阶段：① 2016—2018 年阶段。以推进能源互联网试点示范工作为重点，在能源互联网技术上力争达到国际先进水平，初步建成能源互联网技术标准体系，催生能源服务等新兴业态，培育市场竞争主体；② 2019—2025 年阶段。重点推进能源互联网多元化、规模化发展，初步建成能源互联网产业体系，成为经济增长的重要驱动力，最终在 2025 年能够引领世界能源互联网发展。

紧接着，《可再生能源发展"十三五"规划》《"十三五"国家战略新兴产业发展规划》《关于促进储能技术与产业发展的指导意见》等一系列政策相继出台，进一步肯定了互联网能源的战略地位，大力发展"互联网 +"智慧能源。国家能源局于 2017 年 3 月确定了首批 56 个"互联网 +"智慧能源（能源互联网）示范项目名单，并于 2018 年 12 月底开始验收。多项政策将我国能源互联网的发展推向新阶段。

"一带一路"作为中国新的国际战略框架，给中国经济带来了多重发展机遇，"一带一路"等区域一体化战略是推动能源互联网建设发展的客观需求。也是能源及电力具备天然的跨区域的互联性，建设能源互联网将有助于各国大电网的区域间互联以及国际间资源的合理配置，并且这一趋势已在欧洲得到有力的验证。能源互联网的构建有助于中国"一带一路"战略方针的实施，有助于加强中国与"一带一路"沿线国家的能源联系，续表通过能源基础设施、商业金融与投资合作能促进区域融合发展。区域一体化成为能源互联网发展不可逆的推动因素。

（二）系统建设

1. 技术路线

区域能源智慧云系统针对产业链中运营管理阶段的功能开发和模型的技术路线为：将技术综合为 5 类技术主题（基础设施、部件 / 设备、子系统、能源站系统和多站协调）和 4 大专业领域（系统模拟、软件升级、数据分析和先进控制），并按照时间规划出各技术属性及其关联性，协调各领域技术以统一到预期目标。该技术路线具有高度概括、高度综合和前瞻性的特点，每年根据行业发展和市场需求重新调整，进行技术规划管理和预测行业未来。技术路线的内容如表 7-3 所示。

表 7-3　技术路线的内容

序号	功　能	简　介
1	常用设备健康检查，新增设备健康检查	设备在报警时，对故障进行根因分析，找到原因并推荐检查和解决方案
2	冷机站系统健康检查	冷机站（包括冷机、冷却 / 冷冻水泵、冷却塔）系统在发生报警时，对系统级故障（会调用设备级故障信息）进行根因分析，找到可能发生的原因，并推荐检查和解决方案
3	建筑用能预测	根据各建筑的用能需求和天气开发预测分析算法，预测建筑用能。所有建筑的用能需求预测可用于蓄能预测，单个建筑的用能预测可用于输配管网失调诊断
4	多冷机优化控制	各站点装配的冷机型号容量不一，且性能曲线随出水温度设定点和运行时间而衰减，该算法根据负荷需求和冷机性能曲线，调整冷机开启个数和各冷机开启时间，最小化综合能耗
5	蓄能预测与优化控制	根据所有建筑的用能需求进行预测，结合峰谷电价和主机性能曲线，优化蓄能量和蓄能设备开启时间，同时配合多冷机优化进行整体协调控制

序号	功 能	简 介
6	数据质量治理 1.0，数据质量治理 2.0	上层的数据分析和控制算法高度依赖现场设备的数据质量，该功能模块对存在的各数据质量问题进行综合治理，1.0 原始数据，2.0 计算／衍生数据
7	自控系统界面升级	对当前的自控系统的界面进行优化升级（包括已开发模块的优化、新开发的功能模块的配置连接、数据展示方案、界面美化等），移动化监控应用开发
8	多站数据集成平台	根据多站多功能的需求，开发数据集成模块，数据存储、提取、修改的接口均按标准化处理，优化数据库表结构，方便上层应用的开发，提高应用的可扩展性，一套算法，多站应用
9	多站监控中心	设计、开发多站点总监控中心，运营维护系统化、标准化，功能模块统一集成管理
10	云计算 1.0（单站）	各功能模块算法独立开发，各站点有独立云计算服务器，手动升级
11	云计算 2.0（多站）	在机场多站数据集成平台部署之后，上层应用算法部署、升级、回滚自动化
12	大数据计算 1.0	搭建大数据分析平台，集中处理大规模能源站实时数据和模拟数据，方便数据挖掘
13	设备运行异常检测	搭建大数据分析平台，集中处理大规模能源站实时数据和模拟数据，方便数据挖掘
14	输配水力管网失调诊断	能源站能源输配管网支路复杂，各建筑用能变化大，管网水力失调诊断算法结合水力模型确定失调管路，推荐调整方案
15	用能建筑水力系统失调诊断	用能建筑的管网随租户数量业态和季节动态变化，管网水力失调诊断算法结合水力模型确定失调管路，推荐调整方案
16	子系统模型搭建与验证	搭建冷却水环路、冷机站系统、蓄能系统、热水系统、输配管网等子系统的模型，实测校准并验证模型的可靠性和精度
17	建筑用能分配特征监测	根据能源站各建筑用能历史记录和建筑业态，运用算法提取数字特征，实时监测建筑用能与业态的匹配度

续表

序号	功　　能	简　　介
18	能源站设备运行优化控制	对能源站各设备进行整体优化协调控制，提高系统运行稳定性并节能
19	系统模型开发和验证	基于子系统搭建能源站系统级模型，实测校准并验证模型的可靠性和精度
20	实时模拟部署	把控制系统的输出作为系统模型的输入，部署实时模拟实现数字孪生
21	系统配置改造模拟设计	模拟更换能源站系统设备，提供升级改造决策支持；模拟能源站系统和用能建筑负荷需求，提供新能源站系统设计决策支持
22	大数据分析：业态用能预测	挖掘建筑级用能及租户级用能的特征，开发业态判决算法，进一步提高供能预测和能源站能效
23	多站运行模态特征监测	根据多站系统级运行模态（供能启停时间/频率，能效指标的状态）特征进行监测，进行运行模态的异常检测
24	多站能效异常检测	建立站点级能效指标和耗能设备分解，进行能效异常检测并排序耗能设备根因分析
25	多站产能协调节能优化	多站联合运营时，根据用能建筑负荷预测、输配管网水力模拟和各产能站点历史能效，集成优化站点运行个数和输配方案
26	大数据分析：多站运行风险评估和决策	建立设备级至系统级性能衰减模型，结合多站点各运维历史记录，评估各站点运行风险，定期调整保养，维修时间

2. 系统拓扑

如图 7-3 所示，系统拓扑结构分为数据采集层、数据存储层、数据处理层、数据分析层和数据应用层。

（1）数据采集层。通过数据接口对源数据进行采集与整理，而非数字化的数据资源将通过数据录入的方式进行采集，通过数据接口对业务系统的数据进行采集，实现原始数据的分离、清洗、转换等，加载到数据管理层的 ODS 数据库中，实现数据的整合与提炼。

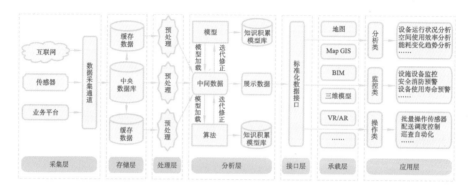

图 7-3　系统拓扑

（2）数据存储层。根据源数据标准和资源目录将采集的各种中间数据按照统一的数据标准进行处理与整合，形成统一的信息资源，提供面向企业主题的数据存储与管理环境。

（3）数据处理层。相关各类业务系统的结构化、半结构化和非结构化数据库，以及保存的各种文件和非数字化的数据资源，构成数据中心的数据来源。

（4）数据分析层。提供面向应用的业务处理数据支撑平台以及数据资源管理平台，实现对元数据的管理和数据编码的管理，并以 ODS 数据库为基础建立数据仓库，通过统一的数据共享接口对各个业务系统提供数据服务，使得各个业务系统都可以方便、及时、准确地提取到相关数据。

（5）数据应用层。基于数据仓库开发数据查询、统计、分析等功能，通过统一的数据展现界面，进行统一用户管理和系统资源管理，实现业务数据标准化管理和高效灵活查询、统计和联机分析处理，为各级管理人员和社会公众提供统一、全面的数据支持。

3. 硬件基础设施

硬件基础设施包括机房局域网系统、服务器存储系统、负载均衡系统、备份系统，是区域能源智慧云系统数据中心建设的物理基础和基本前提。其中局域网系统是数据中心的基础平台，通过千兆链路连接服务器和存储设备，提供数据中心与项目分子系统之间的连接以及数据中心与互联网的连接。存储系统采用 IPSAN 技术构建存储体系，存储快速、安全、稳定、可靠、扩展方便，采用集群技术提高应用服务器的效率，扩展性好。负载均衡系统包括服务器和互联网出口负载均衡，主要解决应用服务器高访问量的问题。

基础设施部分涉及的关键技术包括云计算、数据中心网络、容灾备份、绿色机房、运营管理、整合迁移、虚拟化技术等，其中云计算是一种提供动态、弹性的虚拟化资源的服务模式。虚拟化技术可以将资源抽象为共享资源池，实现操作系统与硬件解耦，操作系统从资源池中分配资源。容灾备份技术可提供应用级容灾、数据级容灾和介质级容灾服务。数据中心网络提供扁平化的二层架构，有利于简化网络结构、降低管理成本、提高网络性能、支撑云计算的资源池动态调整、保障各类数据应用业务的独立、支持各业务的互访关系、确保业务的安全隔离。数据中心整合迁移技术按照理解需求、评估现状、规划设计、设计实施、整合搬迁、运行维护等流程进行整合，可提供绿色节能整合、数据整合、服务器／存储／云化整合、网络整合、应用整合、安全整合、运营维护管理整合等功能。

4. 数据交互设计

区域能源智慧云系统的数据交换平台以面向服务体系结构 (SOA) 为框架，以服务总线技术 (ESB) 为基础，采取松散耦合方式构建，提供跨平台数据交换服务，对数据转换和传输过程实现集中统一控制和规范管理，保持各业务系统的独立性。区域能源智慧云系统建设过程中涉及的数据交换平台由连接层、传输层、转换层、监控管理层组成。其中，连接层为异构系统提供丰富的连接器／适配器，在不改动其应用系统的前提下，按照一定的策略进行数据抽取并发布到信息总线。传输层负责在所有系统之间传输路由数据，实现数据、服务命令的上传与下达。转换层负责将信息总线中获取的数据进行统一的数据处理，包括对异构数据进行转换、对数据的有效性进行检验和分析等。监控管理层提供强大的管理监控工具，实现交换和整合流程的调度管理、部署管理、配置管理及数据交换平台集中、远程、统一的监控管理。

数据交换部分涉及的关键技术包括数据采集技术、数据整合技术、数据服务技术等。数据采集技术是通过数据交换中间件提供的 ETL 采集、API 接口、数据适配器等功能，将区域能源智慧云系统各相关业务系统中的各类源数据采集到中心数据库中。数据整合技术是对采集的数据进行转换、清洗等操作，将数据转换成不同的数据格式，最终按照预先定义好的数据仓库模型，将数据加载到中心数据库中去。数据服务技术是将各类数据分析模型、挖掘结果、共享资源等以服务的形式发布出来，支持进行数据交易、数据展现、数据调用、数据共享、数据识别、统计分析等应用。

5. 数据库设计

区域能源智慧云系统的主题数据库、基础数据库、应用扩展数据库、数据仓库是不同应用层次的数据资源体系。主题数据库包含所有业务系统的核心基础主题数据，这些数据是规范、无冗余、原始的基础数据，一般根据企业总体数据规划分析确定，同时依据企业数据模型建立企业的全局数据字典、业务数据编码等规范，统一数据语言，从而为数据资源共享提供了可能。数据库结构包括 ODS 系统和数据仓库。

（1）ODS 系统。ODS 用于存放从业务系统直接抽取出来的数据，这些数据从数据结构、数据之间的逻辑关系上都与业务系统基本保持一致，这样在抽取过程中极大降低了数据转化的复杂性。对于一些不是永久性保留，且用户一段时间内又需要查询的明细数据，可以以主题的方式存放在 ODS 中，这样可以减轻数据仓库和数据集市的存储压力，也可以给用户提供快速的查询通道。ODS 具有 OLTP 的特性，共享和实时性的数据可以放在 ODS 中实现。对于准实时段的数据可以常用消息机制，保持数据的准同步。

（2）数据仓库。数据仓库是针对企业数据整合和数据历史存储需求而组织的集中化、一体化的数据存储区域。它面向主题，并覆盖多个主题域，侧重于数据的存储和整合。数据仓库的概念模型是面向企业全局建立的，它为集成来自各个面向应用的数据库的数据提供了统一的概念视图。建立概念模型时不用考虑具体技术条件的限制，只需在较高的抽象层次上进行设计即可，而在建立逻辑模型时，需要对概念模型进一步细化和深入，用星型模式或第三范式进行设计。同样，建立物理模型时，需要在逻辑模型基础上，结合具体的数据库，进一步确定数据的存储结构、索引策略、数据存放位置、存储分配等。

区域能源智慧云系统中心数据库涉及的关键技术包括数据存储技术、数据建模技术、数据分析技术等，其中数据存储技术是将数量巨大、难于收集、处理、分析的数据集持久化到计算机中。数据建模技术是对抽取到中心数据库中的数据进行再组织，建立面向数据分析逻辑的星形模型、雪花模型等。数据分析技术是对存储在数据仓库或非关系型数据库中的数据建立数据分析模型或进行数据挖掘，支撑实时分析、离散分析、OLAP 分析、统计分析等应用。

6. 系统安全性

（1）数据安全性。

对于云端海量大数据的篡改判断以及准确定位，需要考虑判断和定位的准确性和效率问题。而深度信念网络 (DBN) 在顶层，可以通过带标签数据，使用 BP 算法对判别性能做调整，同时，被附加到顶层的标签数据会被推广到联想记忆中，并且通过多层自下而上的受限玻尔兹曼机的训练，学习到的识别权值将获得一个网络的分类面，结合联合记忆内容，可以准确判断数据的篡改情况，从而进一步定位目标。具体的智能分类策略有如下几点。

①使用数字水印技术为需要保护的数据生成原始标签，供深度学习训练。

②使用 DBN 训练海量数据，获得各层的特征表示、权重矩阵以及偏移量等。

③将需要判断篡改的海量数据经 Map-Reduce 预处理，得到 DBN 的输入神经元。

④对输入的神经元数据逐层进行 RBM 认知训练，同时做好向下的生成训练；在最后一层，结合第一步获得的标签数据以及之前训练获得的联想记忆进行分类。

⑤对分类结果做分析处理，得到篡改数据的二维坐标，从而可以准确定位篡改数据的位置。

（2）网络安全性。

①参照标准: GB/T 22239—2008《信息安全技术 信息系统安全等级保护基本要求》、GB/T 22240—2008《信息安全技术 信息系统安全等级保护定级指南》、GB/T 20270—2006《信息安全技术 网络基础安全技术要求》、GB/T 25058—2010《信息安全技术 信息系统安全等级保护实施指南》、GB/T 20271—2006《信息安全技术 信息系统通用安全技术要求》、GB/T 25070—2010《信息安全技术 信息系统等级保护安全设计技术要求》、GB 17859—1999《计算机信息系统安全保护等级划分准则》、GB/Z 20986—2007《信息安全技术 信息安全事件分类分级指南》。

②安全域划分原则。

a. 业务保障原则。安全域方法的根本目标是能够更好地保障网络上承载的业务。在保证安全的同时，还要保障业务的正常运行和运行效率。

在安全域划分时会面临业务划分的问题。将业务按安全域的要求划分，还是合并安全域以满足业务要求？必须综合考虑业务隔离的难度和合并安全域的风险（会出现有些资产保护级别不够），从而给出合适的安全域划分。

b. 等级保护原则。根据安全域在业务支撑系统中的重要程度以及考虑风险威胁、安全需求、安全成本等因素，将其划为不同的安全保护等级并采取相应的安全保护技术、管理措施，以保障业务支撑的网络和信息安全。

安全域的划分要做到每个安全域的信息资产价值相近，具有相同或相近的安全等级、安全环境、安全策略等。安全域所涉及应用和资产的价值越高，面临的威胁越大，那么它的安全保护等级也就越高。

c. 深度防御原则。根据网络应用访问的顺序，逐层进行防御，保护核心应用的安全。安全域的主要对象是网络，但是围绕安全域的防护需要考虑在各个层次上立体防守，包括在物理链路、网络、主机系统、应用等层次。同时，在部署安全域防护体系的时候，要综合运用身份鉴别、访问控制、检测审计、链路冗余、内容检测等各种安全功能实现协防。

d. 结构简化原则。安全域划分的直接目的是要将整个网络变得更加简单，简单的网络结构便于设计防护体系。安全域划分不宜过于复杂。

e. 生命周期原则。对于安全域的划分和布防不仅仅要考虑静态设计，还要考虑动态变化；另外，在安全域的建设和调整过程中要考虑工程化的管理。

f. 安全最大化原则。针对业务系统可能跨越多个安全域的情况，对该业务系统的安全防护必须使该系统在全局上达到要求的安全等级，即实现安全的最大化防护，同时满足多个安全域的保护策略。

g. 可扩展性原则。当有新的业务系统需要接入业务支撑网时，按照等级保护、对端可信度等原则将其分别划分至不同安全等级域的各个子域。

（三）系统架构

区域能源智慧云系统有五个层级（图7-4），分别为大数据中心、总部管控中心、站级管理层、现场控制层、现场感知层。

1. 大数据中心

其主要目的是解决区域能源系统设计阶段参数优化和各能源站运营阶段智能控制、智能运维，主要包括以下几个方面。

（1）控制云。用能预测、策略拟制、数字孪生、仿真运行、参数输出、水力平衡、经济评价等。其主要作用主要有两个。

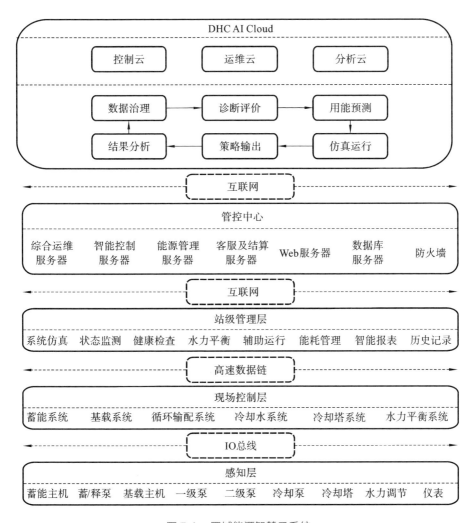

图 7-4 区域能源智慧云系统

①算法升级：目前各项目部署的控制系统，无论是采用 B/S 架构还是 C/S 架构，都无法解决系统软件升级的问题。而区域供冷供热系统是一个成长型系统，从供能开始到最终满负荷供能，中间跨越数年，期间随着技术的进步，软件算法可能跨越一代或几代，但部署在项目本地的系统很难做到同步升级。控制云与本地系统的结合，解决了软件算法升级的问题。优化算法在云端，系统运维人员只需对云端进行升级即可，然后由云端自动覆盖本地控制系统。平常策略优化工作由云端完成，当网络中断时，本地控制系统

备份的算法自动接管，安全高效。

②策略寻优：因区域供冷供热项目成熟期相对漫长，且供能态势较为复杂，这就要求软件的控制策略不仅在某一态势下具有自寻优的能力，更要求对新态势的处理有自学习的能力。传统的自学习过程是从已运行的结果中寻找规律再加以应对，这个过程周期相对较长，经济性差。利用云端对项目进行数字孪生和仿真运行，可以实时、在线地模拟各种态势的变化。仿真系统和设备的运行，可以验证可能匹配的策略，并将结果告知运营人员，再由运营人员决策。在云端缩短了这种学习的过程，提高了系统应对的效率，降低了系统运行的风险，使系统成长过程中做到预期可控调整。

③在更广的维度，主要技术方向有三个方面：第一个是单站系统复杂度提升，供能多样化，比如采用三联供系统，能够从系统级别进行能源梯次利用，但同时优化的难度会大大增加；第二个是多站联合运营进而实现负荷差异调优，系统之间的供能形成环路，供能面积更大，系统优化更加复杂；第三个是当未来电网开放时，光伏发电和储电设备都可以加入系统，通过储能峰谷套利，收益最优。

（2）运维云。包括数据质量治理、系统及设备质量诊断、运维根因分析及策略、输配水力管网失调诊断等。由于 DHC 系统设备数量多、类型多、分布广、工艺复杂，涉及暖通、机电、设备、智能化等多个专业，日常运营人员不可能精通所有专业。DHC 智慧云利用互联网端大数据、云计算对数据强大的吞吐、挖掘、处理能力，整合各能源站各专业设计参数，采用异常分析策略、维护处理的方法来构建运维云，从技术层面弥补运营人员的专业素质差异与工作效率差异，提高运营维护管控能力，保证能源站安全、稳定运行，提升系统与设备全生命周期的时间长度。

其主要目标是对设备进行维护保养以保证供能安全，基于设备的健康检查和异常监测能够对供能系统的机械故障和运营异常进行常规的建议和维护。技术方向包括三个方面：

①是基于设备维护的记录和设备数据，建立预测性维护算法，把定期性的预防性维护升级为基于设备的寿命预测来进行动态维护。

②供能大周期预测，进而对关键设备比如冷机提前在过渡期时进行维护，提高 COP 或者消除早期异常，降低风险。

③利用 AR 增强现实的技术，在巡检维护时可以看到设备的运行状态和相关报警，并根据推荐建议，采用工具进行维修或整改。它不同于故障报警，故障报警属于事后告知，

运营维护云是对状态趋势的分析，找出性能衰减的部件，并告知处理方案，属于事前运营维护，其核心目的是降低系统和设备的故障概率，做到各设备定制和精确维保，提高维护效率与质量并降低维护成本。

（3）分析云。包括建筑业态与用能特征解析、地域能源形式与产能经济性分析、地域设计参数定制性优化。其主要作用有两个。

①评价功能。利用能源站的历史数据、实时数据、设计数据对系统和设备的性能及经济性做出在线评价。能源站投入运行后，我们只能得到运行结果，其与能源站设计目标是否有差异，其差异发生在哪里，运营人员往往不得而知，大部分运营人员甚至不知道能源站设计运行的目标是什么。分析云可以根据运行数据与设计数据分析，找出系统核心参数的差异性，并依托运营维护云给运营人员数据与方法支撑，以使能源站运行更符合设计初衷与现实的需求。能源站核心设备的选型过程是设计参数确定后，通过对各厂家的技术交流，再现场踏勘确定，这个过程都是用户被动的接收信息，产品在各种环境及工况下运行的真实状态很难全面获取。分析云利用从各能源站采集的不同厂家、不同系列设备的全生命周期运行参数，在线地提供核心设备在各种工况的运行数据，以支撑客户用好设备。

②优化设计。各地气候和环境的差异、项目建筑与混合业态的复杂、各地区能源价格的不同、技术路线的选择等都决定系统不可能有一个统一的标准来指导其设计和确定其供能半径、逐时冷负荷、同时使用系数、能源价格等核心参数。归根结底，区域供冷供热系统是个工程实践型系统，设计人员的经验决定着能源站项目运营质量。而分析云利用各能源站的数据，有目的地分析建模，把设计人员的经验数据化，并开放出来，使整个行业受益。

分析云可以不依托于实时数据，只要用户提供足够可采信的历史数据即可，因此它可以成为供冷供热系统利用大数据与云计算在互联网端的公共云服务系统，服务于整个行业。

2. 总部管控中心

总部管控中心的主要作用是对区域供冷供热系统日常运营行为的管理，它不是一个软件或者一个系统，负责整个受控系统的集中监视、流程管控和风险干预。确切地说，它应该是若干系统的集成，其主要由综合运营维护系统、智能控制系统、能源管理系统、客服及结算系统、视频监控系统、门禁及安防、Web 及数据服务系统等组成。其中视频监控系统、门禁及安防系统、Web 及数据库服务系统与常规应用场景无异。这些系统的主要作用包括以下三个方面。

（1）综合运营维护系统。实时在线对各能源站设备及系统数据进行诊断，对异常奇点或趋势给予提醒和建议。定期对设备核心运行历史数据进行建模分析，对于其性能衰减给予提醒和建议。设备运营维护智能化，减少对有经验的工程师的依赖程度，同时减少运营维护人员不必要的定期检查。预测设备状态，计划性地进行设备运营维护，按需维护，有效延长设备的生命周期。建模预测和提前处理，让非计划性的设备维护更可控，有效减少停机时间，从而降低对生产带来的影响。综合运营维护系统具有电子工单派发功能，监督运营维护人员响应与处理效率，并可与 ERP 系统对接，实现设备采购、库存、使用、维护、注销全生命周期的追溯管理。综合运营维护系统与运维云对接，组成云、地两套互备系统（日常以云端为主，异常自动转换到本地）；下与站级监控中心对接，负责各站运维业务流程的管理。

（2）智能控制系统。智能控制系统的主要作用是对各被控能源站运行控制的监督和异常事件的干预，实时在线监测各被控能源站的自动化运行，并将各能源站仿真运行界面、设备型状态参数、核心参数趋势、故障报警分级信息在线可视化。在被控能源站出现故障报警时，管控中心人员可第一时间获取，通知本地运营人员处理。当本地被控能源站出现高等级故障并危及系统安全性时，远程管控中心人员可在管控中心直接控制干预。

（3）能源管理系统。管控中心的能源管理系统主要作用是汇集各被控能源站上位能源消耗数据，纵向对单个能源站系统、核心设备、管网、末端用户、单位面积等从时间、空间、负荷等维度做能耗与经济分析。横向对各能源站核心运营数据进行对比，为各能源站的综合管理提供数据支撑，为新站设计提供原始数据参考。管控中心能源管理系统在某种意义上是部署在实体端的、综合的能源分析与经济性评价系统，它上与分析云对接，下与各能源站计量系统对接。

3. 站级管理层

如图 7-5 所示，站级管理层具有运行维护诊断和水力平衡功能，并与云端系统对接，实时更新运行维护诊断的策略与算法，保证能源站主要设备和输配系统在设计标准的工况下稳定、安全、健康运行。负荷预测和辅助运行可推荐最优的运行策略与运行主要设备。

以全系统寻优计算各子系统协调运行的主要控制参数。子系统分布式自寻优模型和设备优化运行模型控制设备的运行数量与状态。运营分析用于控制周期的闭环分析经济性与能源消耗态势，包括用能总量分析，分项分析等。

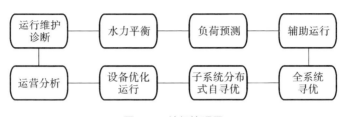

图 7-5　站级管理层

4. 现场控制层

系统采用集中管理、大系统分布式递阶控制的系统架构，根据项目暖通工艺原理与运行策略，将系统划分为若干个子系统；为每个子系统建立专有控制模型，分别配置独立控制模组和弱电控制回路进行分布式控制，各子系统的自动运行独立于上位机服务器。

系统具备完整的独立自动控制功能，避免因子系统故障导致整个系统瘫痪。通过高速数据链把各子系统的信息汇集，由监控中心进行集中的监视、流程管控和风险干预，由云端运行策略优化、目标参数计算、评价指标预估。

系统可实现由现场层控制器应用内置的控制算法独立控制设备的运行，保障系统可以分散控制。操作人员也可根据自己的经验，在控制柜上进行手动操作，控制设备的运行。现场控制层各子系统智能控制柜根据站级管理层计算的寻优参数独立控制受控对象优化运行。

5. 感知层

感知层用于识别系统和采集信息。感知层解决的是智能化系统和物理世界的数据获取问题。它首先通过传感器、仪表等设备，采集外部物理世界的数据，然后通过RFID、条码、工业现场总线、蓝牙、红外等短距离传输技术传递数据。感知层所需的关键技术包括检测技术、短距离无线通信技术等。它利用各种机制把测量结果转换为电信号，然后由相应信号处理装置进行处理，并产生响应动作。

对区域供冷供热系统来说，感知层由三部分组成。

①传感器：包括感知温度传感器、压力传感器、流量传感器、温湿度传感器等。

②仪表：包括电表、水表、冷热量表等。

③设备：包括制冷主机、低压控制柜、电动执行器等。

智能化系统的生命周期与感知层中的感知节点紧密相关。我们知道，传感器、仪表与各种测控设备共同组成了智能化系统感知层。传感器的质量及性价比决定了智能化系统能否长久地跟随被控系统全生命周期的运行，很多智能化控制系统的失效，往往是由感知层设备故障造成的。

值得注意的是，智能化控制系统要使设备在正常状态或最佳状态工作，质量可靠、高精度的传感器是能源站智能化控制的基础。

（四）核心功能

能源站运行管理数据技术包括四大功能：运行、品质、成本、安全，对这四大功能分别建立数据模型以实现管理行为。

数据技术应用功能参考数据架构图分步骤实现，数据架构建设是能源站数据技术的核心内容。能源站数据技术初期的建设可以从局部到整体，从模型开发、应用到整合数据架构，从而形成系统（图7-6）。

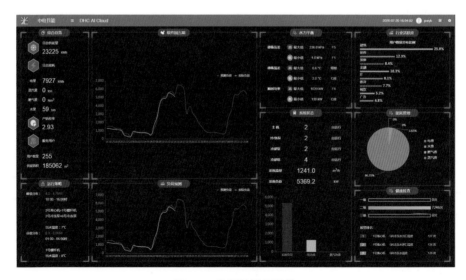

图 7-6　能源站数据系统

1. 健康检查

模型包括设备诊断和系统诊断，当能源站主要设备、系统参数在运行过程中出现恶化运行趋势及故障，提示运营维护人员并给出相关参数偏离点，同时告知运营维护人员出现此偏离趋势的原因及检查解决方法，确保供能设备安全、健康运行，实现对设备的精确维护，提高系统及设备维护效率，减少维护的人工和材料成本（图 7-7）。

图 7-7 健康检查

设备诊断模型：系统采集和计算能源站主要用能设备及电气参数（如水泵电机、电流、电压、温度，主机蒸发器、冷凝器压力、冷却塔风机电流、电压等）与其在各种运行工况下的额定值进行实时对比分析。

系统诊断模型：系统采集和计算能源站设备及输配系统关键节点的实施参数（主机蒸发器冷凝器流量、压降、COP，水泵扬程，过滤器压降，管网温损与能量损失等）与暖通设计参数实施对比分析。

如图 7-8 所示，武汉某产业园项目，因各主机蒸发器、冷凝器进出水侧均不具备安装流量传感器的条件，利用中电节能研发的阻力系数模型，准确地计算出各设备的实时流量、压力、健康性指示，监测水力平衡状态和输配系统上部件的结垢情况，给出预测性诊断以实现水力平衡分析和部件的精确维护，降低输配系统能耗及维护费用，提高维护效率。

名称	额定压降(MPa)	额定流量(m3/h)	阻抗(S)(10^-7)	进口压力(MPa)	出口压力(MPa)	瞬时压降(MPa)	瞬时流量(m3/h)	允许误差	健康性
1号溴机　蒸发器	0.088	800.0	1.375	0.453	0.451	0.0043	0.0	0.15	
蒸发器过滤器	0.02	690.0	0.092	0.455	0.4529	0.0029	0.0	0.15	
冷凝器	0.052	1144.0	0.397	0.000	0.000	0.0024	0.0	0.15	
冷凝器过滤器	0.02	690.0	0.092	0.000	0.0000	0.0238	0.0	0.15	
2号溴机　蒸发器	0.088	800.0	1.375	0.492	0.517	0.0225	0.0	0.15	
蒸发器过滤器	0.02	690.0	0.092	0.4904	0.4918	0.0032	0.0	0.15	
冷凝器	0.052	1144.0	0.397	0.000	0.000	0.0303	0.0	0.15	
冷凝器过滤器	0.02	690.0	0.092	0.0000	0.000	0.0201	0.0	0.15	
1号离心机　蒸发器	0.063	627.0	1.603	0.001	0.001	0.6350	0.0	0.15	
冷凝器	0.085	973.0	0.898	0.000	0.000	0.0126	0.0	0.15	
2号离心机　蒸发器	0.063	627.0	1.603	0.000	0.000	0.6350	0.0	0.15	
冷凝器	0.085	973.0	0.898	0.043	0.031	0.0126	0.0	0.15	
1号螺杆机　蒸发器	0.000	0.0	0.000	0.000	0.000	0.0000	0.0	0.15	
冷凝器	0.000	0.0	0.000	0.000	0.000	0.0000	0.0	0.15	
2号螺杆机　蒸发器	0.000	0.0	0.000	0.000	0.000	0.0000	0.0	0.15	
冷凝器	0.000	0.0	0.000	0.000	0.000	0.0000	0.0	0.15	

图 7-8　系统诊断

2. 智慧运营维护

智慧运营维护的根本目的是保障能源站供能设备高效、安全、稳定运行，当能源站系统及主要设备的核心参数偏离设计工况或故障时，智能进行根因分析，并给出检查及解决方案。

例如某软件园项目，使用同品牌的三台离心机和一台螺杆机，其中离心机主机额定
COP6.26，额定制冷量 3516 kW。螺杆机额定 COP6.1，额定制冷量 1223 kW。我们通
过智能能源云系统对其做能效分析。

（1）性能诊断。数据样本集取自 2018—2019 年制冷季，每个样本的时间颗粒为
10 分钟一次。

首先，从主机能效与时间维度分析制冷主机能效（COP）是否衰减（图 7-9）。从
图 7-9 中可知 3 台离心机 COP5.2 以上的样本数量为 3 号离心机＞ 2 号离心机＞ 1 号离
心机。结果为：2019 年 COP 相比 2018 年，1 号离心机存在严重衰减的趋势，2 号离心
机存在逐步衰减趋势，3 号离心机性能工况最好，螺杆机 COP 未出现明显异常。

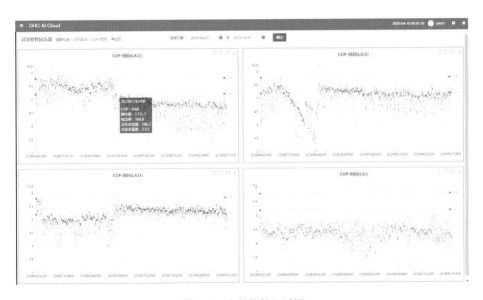

图 7-9　主机能效与时间

其次，从主机能效与制冷量维度分析制冷主机能效（COP）是否衰减（图 7-10），
从图 7-10 中可知离心机实际制冷量在 2812 ～ 3164 kW（额定制冷量的 80% ～ 90%）
运行工况下，3 台离心机 COP5.2 以上的 COP 样本数量为：3 号离心机＞ 2 号离心机＞
1 号离心机。螺杆机未出现明显异常。

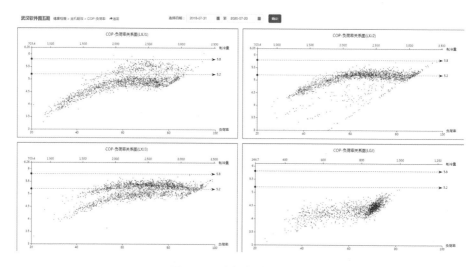

图 7-10　主机能效与制冷量

（2）根因分析。根据相关运行参数智能分析造成衰减的根因（图 7-11）。

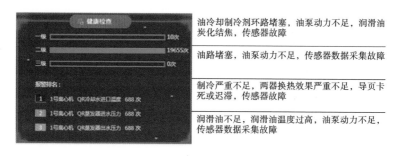

图 7-11　根因分析

（3）维护方案。据负荷预测的趋势，优化设备维保方案（图 7-12）。

3. 水力平衡

在外部管网供能区域的典型处安装智能型水力平衡调节装置，监测流量、供回水温度、供回水压力、冷/热量等，与暖通设计参数对比分析，实时判别系统水力平衡状态，提示最不利回路位置，帮助运营维护人员决策，并根据各区域负荷状态实时调节各区域水力平衡，改善最不利环路状态。确保区域水力平衡，是输配系统保证用户舒适度和输配系统节能运行的必要前提条件。

NO	工单编号	工单名称	工作分类	设备	来源	项目	报事人	报事类型
1	P20181214000002	园区水管故障	给排水		系统后台	湖北省 武汉市 洪山区 金融港二期		自检
2	P20180706000002	级换机,更换	业户报修		系统后台	湖北省 武汉市 洪山区 金融港二期		代管
3	P20180705000009	水管错位	楼宇对讲业户内视智		系统后台	湖北省 武汉市 洪山区 金融港二期		自检
4	P20180705000006	螺杆机11异常	升围		系统后台	湖北省 武汉市 洪山区 金融港二期		自检
5	P20180705000005	螺杆机数据异常	设备房		系统后台	湖北省 武汉市 洪山区 金融港二期		自检
6	P20180705000003	B1地分气缸出现题	尾单维修		系统后台	湖北省 武汉市 洪山区 金融港二期		代管
7	P20180705000002	螺杆科机,	墙涵		系统后台	湖北省 武汉市 洪山区 金融港二期		自检
8	P20180704000005	螺杆机,异常	配电箱		系统后台	湖北省 武汉市 洪山区 金融港二期		自检
9	P20180703000003	J1栋非风机管故障	中央空调		系统后台	湖北省 武汉市 洪山区 金融港二期		代管
10	P20180626000003	能源站1#系统出故障	中央空调		系统后台	湖北省 武汉市 洪山区 金融港二期		代管

图 7-12 维护方案

系统的最不利环路随各楼栋客户负荷的变化而变化，如将最不利环路始终固定在设计工况确定的最不利环路上，循环泵将一直在高能耗下工作。系统具有建筑用能负荷预测的能力，根据不同业态在不同时间段使用负荷的差异，主动调节管网水力分布的状态，克服最不利环路，满足不同时段不同业态用户按需供能，为能源站内主要设备节能运行创造条件。

以合肥某 DHC 项目为例。首先，可直观地从水力平衡系统总图中监测能源站各支路的进出水温度及至各供能末端的延程压降，各末端的进出水温度、压力、压降、温差、流量、瞬时冷热量（图 7-13）。

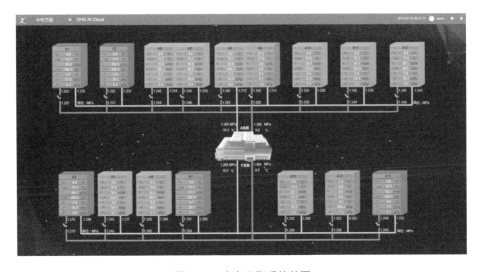

图 7-13 水力平衡系统总图

其次，输配水力管网失调智能诊断：能源站能源输配管网支路多杂，各建筑用能多变，管网水力失调诊断算法结合水力模型确定失调管路，推荐调整方案（图 7-14 及图 7-15）。

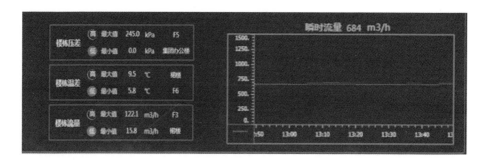

图 7-14 典型节点判别

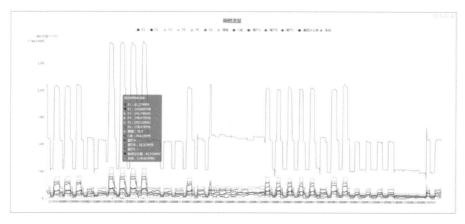

图 7-15 水力平衡分析

4. 负荷预测

空调负荷属于惯性系统，受各种因素干扰大，系统综合室内外环境、运行规律、经验曲线和历史数据，根据各建筑的用能需求和天气开发预测分析算法，预测建筑用能负荷趋势，主动适应优化控制，最大化节能降耗，单个建筑的用能预测可用于输配管网失调诊断。此外，针对所有建筑的用能需求预测可用于蓄能预测。

例如武汉某项目，业态为办公。通过负荷预测我们可知，每天负荷的需求变化与用户的上班习惯基本一致，负荷高峰出现在 9：00—10：00，10：00 之后负荷需求逐渐减弱（图7-16），由此判断此种业态下，负荷的高峰并不因外界环境温度处于最高而出现。对比负荷预测与实际负荷的误差率，均在 10% 以内（图 7-17），满足工艺控制的需求，同时随着样本量的逐步累积，利用云端的学习能力，负荷预测精度也会逐步提升。

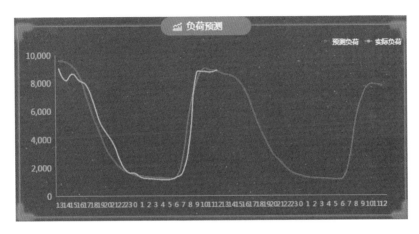

图 7-16　48 小时逐时预测

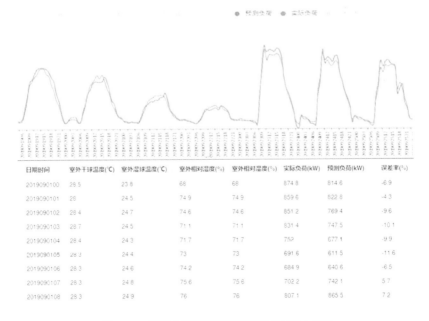

日期时间	室外干球温度(℃)	室外湿球温度(℃)	室外相对湿度(%)	室外相对湿度(%)	实际负荷(kW)	预测负荷(kW)	误差率(%)
2019090100	28.5	23.8	68	68	874.8	814.6	-6.9
2019090101	28	24.5	74.9	74.9	859.6	822.8	-4.3
2019090102	28.4	24.7	74.6	74.6	851.2	769.4	-9.6
2019090103	28.7	24.5	71.1	71.1	831.4	747.5	-10.1
2019090104	28.4	24.3	71.7	71.7	752	677.1	-9.9
2019090105	28.3	24.4	73	73	691.6	611.5	-11.6
2019090106	28.3	24.6	74.2	74.2	684.9	640.6	-6.5
2019090107	28.3	24.8	75.6	75.6	702.2	742.1	5.7
2019090108	28.3	24.9	76	76	807.1	865.5	7.2

图 7-17　逐时负荷预测误差率平均在 10% 以内

5. 优化策略

优化策略包括蓄能与基载供能优化。根据预测负荷的趋势，及在该趋势的时段内上位能源价格的变化及成本分析，系统提示采取何种供能策略满足未来负荷变化，还可兼顾节能运行与经济性，并根据设备维护情况重置设备运行表，自动或提示操作人员投入合适的设备以满足高效供能的需求。优化蓄能量和蓄能设备开启时间，同时配合多冷机优化进行整体协调控制，调整供能设备开启个数、开机时间，温度，输配流量，以最小化综合能耗获得最大的综合收益（图 7-18）。

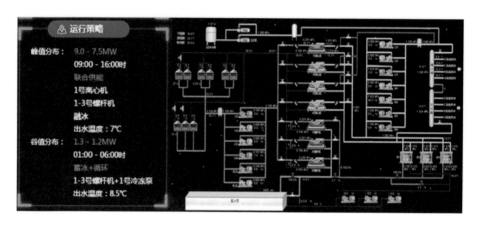

图 7-18　负荷预测的结果图

以合肥某项目为例，根据负荷预测的结果，负荷峰值分布在 9：00—16：00，且相对平稳，且此期间负荷为 9—7.5 MW，系统给出开机策略：供能设备为 1 台离心机和 3台螺杆机，并且冰蓄冷系统融冰，控制供水温度为 7 ℃。

6. 智能群控

系统可与主机、水泵、现场传感器、阀件等设备经总线接口或硬件接口建立连接，通过组态编程对受控设备实现系统集成；并通过软件人机界面对被控设备实施集中控制，形成对被控设备的操作控制、状态显示、参数设置、运行记录、功耗监测、故障报警等群控管理功能。系统可对设备表中能源站的成套设备进行一键启停操作，以标准开、关机流程，对设备群进行无人干预的联锁运行控制，控制的方式有时序群控、人工群控、智慧群控、独立控制、泵组优化控制。

（1）时序群控。系统可根据设定的时间（年、月、日）或周期，无须人工干预定时，自动地根据运行策略及设备运行工控表启停，并控制成套设备优化运行。

（2）人工群控。操作人员运行策略及设备表一键启停成套设备，系统自动控制成套设备优化运行。

（3）智慧群控。系统根据下一控制周期负荷改变的趋势自动控制设备的增减、启停运行，并计算各设备及系统的控制目标，以优化运行。

（4）独立控制。操作人员可对单台被控设备进行独立操作。

（5）泵组优化控制。相同子系统的水泵运行时，根据并联水泵能耗、流量、扬程等关系自动控制并联水泵运行台数和频率，既满足系统运行工况，又有效地降低水泵的运行能耗，提高空调水系统的运行效率。

7. 能耗分析

实时获取上位能源（水、电等）数据与下位能源（冷／热量）数据。根据时、日、月、年不同时段，不同区域，不同的能源类别，不同类型的耗能设备，对能耗数据进行统计。分析能耗总量、单位面积能耗量及单位耗能量、标准煤转换以及历史趋势，同期对比能源数据之后，自动生成实时曲线、历史曲线、实时报表、历史报表、日／月报表等资料，为节能管理提供依据，为节能改造提供数据分析，并预测能耗趋势（图 7-19）。

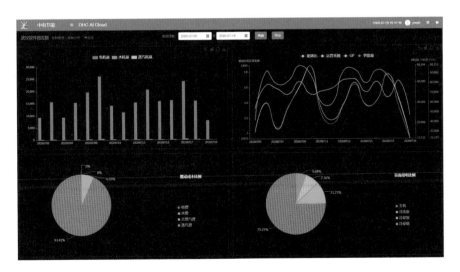

图 7-19　能源消耗分布挖掘

8. 经济性分析

能源站主要设备产能经济性分析，包括总 COP 及分项 COP，分时成本、收入、利润及利润率等指标分析及预判。对能源站内所采集的各用能设备实时运行的数据进行分析、统计和规划处理，实现综合管理与计划用能；分析主要机电设备能效比、单位建筑面积能耗、区域能耗统计等，具有根据机电设备设置和运行历史数据进行分析的能力。系统实施监测用电负荷情况，系统自动通过统计算法分析日、月用电负荷最大值与构成负荷最大值的关键用能设备。系统实施监测用冷负荷情况，分析日、月用冷负荷最大值与构成负荷最大值的关键用冷客户（图 7-20 及图 7-21）。

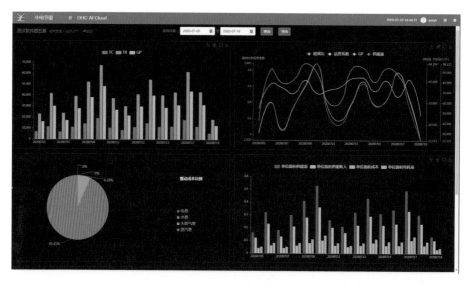

图 7-20　产销差率

9. 数字孪生

充分利用物理模型、传感器更新、运行历史等数据，集成多学科、多物理量、多尺度、多概率的仿真过程，在虚拟空间中完成映射，从而反映相对应的实体装备的全生命周期过程（图 7-22 及图 7-23）。

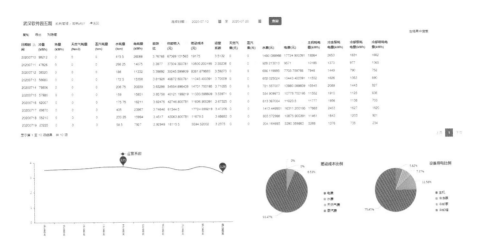

图 7-21 成本分析

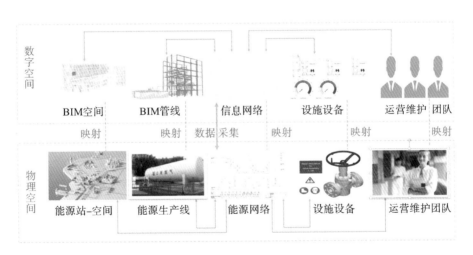

图 7-22 双空间映射

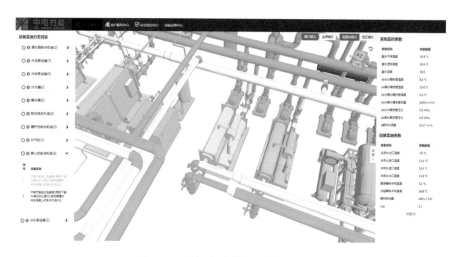

图 7-23　武汉金融港能源站数字孪生

10. 模拟训练

通过 3D 引擎实现 VR 场景的代入体验，可以与现实设备进行操作交互，可以适用于贵重设施设备的模拟训练和高危场景的替代训练（图 7-24）。

图 7-24　创意天地能源站高压配电房模拟实训

11. 客服管理

客服管理即对与客户密切相关的任务进行业务管理，并提供强大的即时信息发送功能，以满足问题处理过程的发送信息需求（图 7-25）。系统采用 B/S 架构，可以充分利用互联网应用协助房地产企业进行跨区域、实时、集中式的客户服务管理。系统主要功能如下。

图 7-25　客服管理系统

①系统设置。建立公司组织架构，对角色及用户信息、定义及维护系统，进行数据清空和工作台配置等，用于整个系统正式启用前对公用业务数据的初始化设置。

②基础资料。对客服业务基础数据进行设置。包括项目设置、客户的管理、投诉问题标准库的建立、客户范围的管理、受理任务范围的设置、客户服务相关业务参数的设置等。

③任务管理。客户提出问题后在系统中产生任务，然后以任务为主体，在任务受理人的主导下，通过即时信息来推动相关责任人、顾问参与，并组织调配相关资源，分析问题产生的原因并解决问题，对任务处理的全过程进行监控和管理。

④集中管理。管理来自电话、网络等不同渠道反馈的信息，并分解为相应的任务。区分不同类型、类别的任务，从派发任务，组织相关的资源来分析、解决问题，在回复客户、与客户沟通的全过程进行管理。对于热点问题，明确解决方案与回复口径，为相关任务的处理实施、解决提供相关标准和依据。

12. 数据治理

智能发现并清理重复记录。确保数据的完全性（自动补全遗失的数据）、合规性（自动按行业标准补充和修正数据）、正确性（智能进行数据间正确性的比对分析）。

数据备份。对原始数据进行二级备份，备份于能源站本地及云端。站级管理层（能源站的自控系统）每 10 分钟将设备及系统运行参数存入各能源站本地数据库，能源站本地数据库每 10 分钟将本地更新数据远程同步至云端数据库。

数据调用。云计算服务器对云数据库数据进行分析，并将分析结果反写到云端及能源站数据库，站级管理层各功能模型在网络通信正常时从本地数据库中调用云端分析结果。同时，云端自学习优化后，可对站级管理层各功能模型进行在线升级同步更新，以保证在网络通信故障时，站级管理层可以同步接管，保证系统正常运行。

13. 移动端监控

站级管理层与云端通过 VPN+OPC 的方式进行实时数据传输，云端通过网络将能源站数据与实时工艺流程整合加密发布至指定互联网终端（手机、PC、Pad 等），管理及运营维护人员可随时随地管控能源站运行工况（图 7-26）。

图 7-26　手机监控实况图

14. 部分负荷分布与逐时负荷系数

部分负荷分布与逐时负荷系数主要用于为同地区同业态新 DHC 系统的设计提供负荷计算和装机容量的辅助情报系统，包含部分负荷的分布统计与逐时负荷系数。部分负荷的分布统计某个供冷季 / 采暖季节的瞬时最大负荷 / 设计负荷，负荷为 0 的不统计，按小时统计负荷：0 ～ 10%（0 ＜负荷≤ 10%），10% ～ 20%，…，90% ～ 100% 共 10 个分段的供能时长 (h)。逐时负荷系数顾名思义为每个小时的使用系数，计算方法为：针对制冷季 / 采暖季，统计整个制冷 / 采暖季客户每天的小时负荷，筛选出计算日最大的小时负荷；统计每天 24 小时的小时负荷 (图 7-27)。

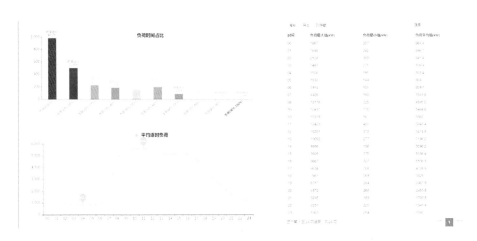

图 7-27 部分负荷的分布统计与逐时负荷系数

第三节 大数据在 DHC 系统中的价值

由于一些产品的厂家过度宣传，使得人们总是存在一种误区，认为一个项目应用了大数据、云计算、物联网技术，实施了一套全面的智能化控制系统，就可以完全摆脱人为干预，实现科幻电影里自主态势感知、自主决策、自主诊断、自主修复、自主进化。诚然，这些都是系统发展的最终目标，在航空与国防军事领域目前尚无法实现，更何况在区域供冷供热的民用细分领域。DHC 系统是个工程实践型系统，人们一直在从已实施的项目中汲取设计、建设、投资、运营等环节的经验，而经验就是人类在完整方法的基础上对庞大数据进行汇集、治理、挖掘、分析的最终结果。区域供冷供热大数据生态链并不是一个充斥着算法和机器的冰冷世界，人类的作用依然无法被完全替代。它根据人们应用的需求，利用不断改进的算法和模型，替代人脑收集足够大的数据，找出规律，预测未来可能会发生的事或识别正在发生的事，关注规律是什么，将会发生什么，利用大数据技术助力专业人员分析发生的原因。区域供冷供热大数据生态链为我们提供的不是最终答案，只是参考答案，最终还是需要人给予目标和决策。它使人从操作者、执行者，转变为规则的制定者、结果的决策者，它是这个时代行业从业者、数据、人工智能融合的产物。

大数据、云计算、物联网技术的成熟，并且已经成为日常生产、生活的必备基础设施，为建设 DHC 大数据生态链提供了现实的工具，使智能化系统服务于 DHC 全生命周期和全产业链成为可能。

一、DHC 大数据生态链

区域能源智慧云系统是区域能源大数据生态链的实际载体，覆盖区域能源产业链的各个环节，其主要涵盖发展规划、设计、建设、运营、客户服务、延伸产品等。区域能源大数据生态链分子系统的支撑包括市场资源与项目管理系统、辅助设计系统、工程管理系统、智能控制系统、能耗计量系统、客服及结算系统、运维管理系统（图 7-28）。

从区域供冷供热大数据生态链本身发展来说，制约因素主要有两点：一是互联网及其衍生产品技术能力；二是业务和工艺需求。技术能力是区域供冷供热大数据生态链的基础，就像人的身体；业务和工艺需求决定区域供冷供热大数据生态链的深度和广度，具化其功能、应用场景、可视化分析，就像人的大脑，使之具有思维能力。从目前行业的发展来看，业务和工艺需求，是制约区域供冷供热大数据生态链发展的主要因素。

另一方面，从 DHC 系统建设产业链来说，由于发展、设计、建设、运营、客户服务各主要环节分属不同的业务单位，彼此相对独立，也是阻碍区域能源大数据生态链发展的一个原因。要使区域供冷供热大数据生态链得到长足的发展并保持其生命力，必须打破原有的社会分工体系，创建新的商业模式，由专业化的社会组织或企业来引领，聚集自动化、IT、市场、设计、工程、运营、客服等全专业的人才，使各专业深度融合、需求互通。只有具备区域供冷供热大数据生态链孕育的土壤，区域供冷供热大数据生态链才能高效地助力行业发展。

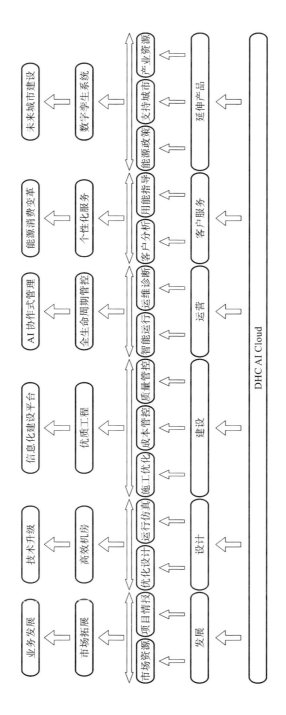

图 7-28 区域能源智慧云系统

区域能源智慧云系统将利用已经建成的大数据基础设施，在现有支撑运营管理产业链板块功能的基础上，持续完善市场发展、规划设计、投资建设等区域能源产业链核心板块的功能，助力区域能源在全产业链、全生命周期经济高效、可持续发展。

二、DHC 大数据生态链各产业链系统建设

（一）市场拓展

1. 项目信息

区域供冷供热系统项目一般会在各地招投标平台、政府、企业网站进行挂网公示或发布，也可以从专门收集招投标信息的公司获得。利用大数据和云计算能力实时全面地收集、分析各资源渠道项目的相关信息数据，从而定向地从海量信息中细分出包含区域供冷供热的项目信息（包含项目所在地、项目业主、项目概况甚至参与项目的企业拓扑关系），极大地拓展了企业市场项目资源信息获取的数量。

大数据帮助我们更好地做精细化运营监控，更准确地做到客户细分，进行个性化推荐，更合理地进行项目推广效果的评估以及基于用户生命周期进行相关的项目推广策略的创新。它具体表现在以下几个方面。

（1）通过基于大数据的方法进行用户细分。基于大数据可以找出更好的细分维度，并对用户做更好的区隔，以辅助市场发展人员做更加准确的用户细分，并洞察每个细分客户的行业特点，对每类客户分别进行有针对性的策划和商务活动。

（2）通过大数据的方法，可以实现对不同渠道的效果评估。如果把用户的渠道行为和后续项目行为（即通过渠道获取的用户在项目跟进和实施过程中的行为）进行跟踪，在此数据基础上构建渠道质量评估模型，将能够更好地发现渠道的真正质量，以使市场拓展工作更有针对性，更高效。

当前大数据可以辅助市场发展的方面包括挖掘潜在客户、提高转换率策略、预测项目前景、预估收入增长以及客户生命周期等，还可以帮助判断项目跟进周期内哪些阶段是最有效的。下面简单阐述大数据在市场拓展中的几个应用。

①大数据可根据每个客户和每个项目的关系进行等级差别定价策略，从而最大限度地优化定价，优化定价可以提高盈利能力。

②大数据可以带来更大的客户回应率以及更深层次的客户信息。运用数据分析和数据挖掘，获取更多的深层客户信息，从而策划更多关系驱动的市场策略。

③大数据分析可以完善客户关系，使得营销方案更成功。通过大数据分析、定义和指导客户发展，提高客户忠诚度，维护更稳定的客户关系。

④基于大数据的客户价值分析让发展人员能够在各个渠道为客户提供连续稳定全方位的用户体验。客户价值分析 (CVA) 最近正在成为新兴的热门话题，一系列基于大数据的技术在保持和衡量客户关系的过程中加速了项目成熟周期。

2. 项目评估

我国不同地区发展不平衡，投资热度迥异。虽然近年来房地产业总体呈现或升或稳的良好势头，但也同样出现了"鬼城""空城"等背离开发商预期的情况。我国房地产业的兴起与繁荣已有相当长的时间，在开发投资方面拥有大量历史数据，包括城市地理位置、经济发展情况、城市规划和政策导向、投资在建和供地情况等。能源企业可以定量分析这些大数据，评估某地区区域供冷供热项目未来成长的时间、空间、投资价值，以便选择跟进该地区或该项目最具经济性和可持续性的商业模式，合理开发。

（二）规划设计

暖通设计秉承的原则就是在满足要求的情况下，尽可能降低成本，重点考虑设计的经济性。以经济性原则是首先要考虑的因素，这样才能保证整项工程很好地完工。而暖通设计要重点考虑设备成本、运营成本、美观情况等，只有综合考虑，设计出最佳方案，才能确保设计的经济性。比如暖通设计的一次投资不仅包括各种设备、管道、材料的投资，而且应包括各种相关费用，如热力入网费、用电设备增容费、天然气的气源费，安装、调试费用，工程管理费，相关水处理和配电与控制费用，机房土建费用与相应室外管线的费用。大数据可以有效地帮助设计人员完成投资费用的调取、查阅、计算、结果比较工作，大量节省人们在这些工作中的工作量及时间成本，提高工作效率，使能源站设计更符合需求。

1. 地区资源情报的收集

大数据情报收集系统可定期在互联网上收集各地区中央空调所需的资源情报，比如气象资料、水文资料（江水、地下水、湖水、污水）、地质资料、能源配给情况、主要行业及经济发展状况、能源价格及政策、业态及用户用能习惯、建筑特点等，以帮助设计人员在初设阶段进行工艺形式的确定和经济性计算。

2. 设计参数的优化

区域能源大数据汇集了已运行能源站的设计数据和运行数据，在云端利用定向的分析模型及可视化功能，设计人员通过输入条件参数可调取实际运行参数参考。大数据可依据设计人员拟定的参数做全局系统或局部系统的仿真运行，根据拟制的设计参数和已积累的运行数据给出仿真结果供设计人员参考。比如负荷的校正、同时使用系数的确定、供水温度及温差的选择、输配方式的选择、供配电的设计等。

3. 设备选型的优化

大数据系统可以建立设备库，定期收集和完善国内外厂家的冷热源设备、水泵、主机、空调末端主要设计数据和运行数据，通过模型对设备的设计与运行数据差异做单项分析；可以对各厂家做横向比较，以便选取满足能源站使用需求的设备。

（三）工程建设

大数据的信息化、技术化和交流化等多种优势为施工建筑市场提供了技术支撑。大数据为工程施工提供的优势性辅助不仅在挖掘技术上得以显现，可有效管理人员管理、数据录入以及综合系统，能够在合适的时间段内为工程提供最为适宜的实施计划与结果保障，这也是大势所趋。

利用大数据对海量信息的包容性和选择性，相关人员可根据工程实际情况进行方案选择，即利用数据信息搜索有效性施工方案，并在海量路径中选取最为有效的方式。另外，大数据应用还通过绩效指标、效率、水平等方面体现出来，能够节约人力资源，提升工程整体效益。

1. 建立大数据挖掘管理体制

在进行具体的管理工作时，以大数据为中心设立"中心集中—分层化管理"模式，将采购数据、决策以及按照数据显示采取行动的对象分门别类做好分工工作。例如公司进行数据纳入和选取，在数据库中选取最为合适的数据信息和方案，进行任务分配，安排挖掘技术人员、财务人员、后勤人员对号入座。还可利用大数据及时将施工具体信息传达给公司，以便做好工程记录，为工程施工提供后台保障。

2. 建立大数据挖掘信息队伍

大数据在具体的工程应用中对技术理念以及实际操作人员、后期处理等人员需求量大，可根据工程性质进行大数据信息队伍的设定，在提升工程质量的同时，促使工程节约成本。具体工程队伍可设定为：首先建立前期预算队伍，即根据合同信息以及现场工程施工信息采集进行实时预算，将工程日期、大小、各项设备等通过数据进行预算，将成本应用合理化，控制在一个较为合理的范围内；其次建立具体施工队伍，即根据数据信息指标进行施工。另外，还应设定一定的后期质量检测队伍，即针对工程施工进行监督和最后检测、试验等，再次确保工程质量。

3. 建立数据信息挖掘模式

大数据应及时获取有效性信息，如何在海量的大数据中选择符合工程施工项目开展的信息具有一定的难度。所以需要针对不同信息进行不同方式的建模，如在施工方与管理方之间建立信息通道，达到实际性工程施工信息与总部决策性信息吻合，两种信息进行对比分析，从而得出最为有效的信息，这是结构化的数据信息建模。

（四）运营管理

能源站日常运营主要依赖于智能化系统，实施智能化控制系统的目的是满足能源站设备自动化运行和运营维护管理使用需求，具有水力平衡、运维诊断、负荷预测、智能控制、能耗管理、优化运行的能力，弥补运营人员专业技能与工作效率差异，提高系统、设备的运行质量与全生命周期的时间长度，满足用户环境舒适、减少运营维护成本、节能降耗、高效管理、增加经济效益的需求。

系统在互联网端应具有大数据、云计算分析的能力，利用能源站本地控制系统采集的参数，从运营维护管理、水力平衡、负荷预测、节能运行、经济性等方面的历史数据出发，多维度地分析能源站的特性趋势，给出前瞻性的辅助决策支持和指标预判。

二、社会效益

随着互联网技术与互联网思维逐步与区域能源系统实现融合，区域能源行业开始意识到能源大数据在区域能源行业全产业链的巨大应用潜力。大数据对促进可再生能源的发展、激发区域能源行业的跨界融合活力与创新发展动力具有重大的意义。区域能源智慧云系统大数据技术有利于政府实现能源监管、社会共享能源信息资源，是推进能源市场化改革的基本载体，也是贯彻落实国家"互联网+"智慧能源发展战略、推进能源系统智慧化升级的重要手段，同时可助力跨能源系统融合，提升能源产业创新支撑能力，在催生智慧能源新兴业态与新经济增长点等方面发挥积极的作用。能源大数据的应用领域主要体现在以下几个方面。

（一）能源规划与能源政策领域

区域能源智慧云系统在业主或政府主导的决策领域应用主要体现在能源规划与能源政策制定两个方面。在能源规划方面，可通过采集区域内企业与居民的用电、天然气、供冷、供热等各类用能数据，利用大数据技术获取和分析用能用户的能效管理水平信息与用能行为信息，为能源网络的规划与能源站的选址布点提供技术支撑。此外，基于用能数据、地理信息以及气象数据，可分析区域内的基本能源结构与能源资源禀赋，为实现能源的可持续开发与利用提供指导方向。

在能源政策的制定方面，一方面可利用大数据分析区域内用户的用能水平和用能特性，定位属地项目的能耗问题，研究项目产业布局结构的合理性，为制定项目可持续发展规划提供更为科学化的依据；另一方面，依托区域能源大数据对项目属地能源资源以及用能负荷的信息进行挖掘与提炼，为政府制定新能源补贴方案、建立电价激励机制等国家和地方政策提供依据，也为政府优化城市规划、发展智慧城市有序发展提供重要参考。

（二）能源生产领域

在能源生产领域，大数据技术的应用目前主要集中在上位能源（水、电、天然气等）与下位能源（冷、热量）消耗的精准预测、提升能源消纳能力等方面，合理进行储能等灵活性资源配置规划，并依赖可靠、可信的预测信息安排能源生产的运行方式，以充分降低能源消耗，提高经济性。

DHC 的市场推广

DHC MARKETING

DHC 作为能源集约利用的节能技术思想，由专业的能源服务公司主导项目规划设计、投资建设，负责全生命周期的运营管理，通过产业化、市场化，为建筑节能提供了一种新的解决方案思路。

DHC 的产业化、市场化形式上是从分散到集中，更深刻的内涵不只是空间形式的改变，更是传统的消费观念与创新的节能理念的碰撞，进一步体现为能源消费理念的升级，带来了对暖通规范、政策法规、收费价格、商业模式等认知上的差异。近二十年来 DHC 在国内发展较快，但行业发展与总体预期仍然存在差距，项目实施的示范意义和应用效果有待总结推广。

中电节能自成立以来，致力于 DHC 的推广、实施及应用，从技术逻辑、商业逻辑统筹市场、技术、模式、政策等要素，在产业经营方面取得了一些成效。实践表明，科学、合理、统筹处理好技术与市场的协同经营，DHC 未来的市场发展空间广阔。

第一节　DHC 发展前景

以北京中关村西区、广州大学城、珠江新城区域供冷为代表的 DHC 项目为行业发展提供了丰富的模式探索案例。尽管一些项目的实施没有达到预期的规划设想，但能源集约利用的意义和趋势明显，并深度挖掘了 DHC 在节能减排和生态源头修复等方面做出的巨大贡献。

一、DHC 是缓解能源资源进展与环境约束加剧的有效措施之一

随着能源环境问题的日益显现，以及人们对环境质量的要求日益提高，能源燃烧带来的污染排放问题越来越受到重视，成为能源发展的重要约束。以化石能源为主的能源开发利用模式，难以为继。长期看，当前过度依赖化石能源的能源开发利用模式是一种不可持续的模式，需要尽快实现转型、减少破坏性开发、增加清洁开发。按照现有的经济增长模式，高碳型增长模式已经没有空间，能源转型条件已经具备。

2017 年，国家发展和改革委员会、国家能源局印发《能源生产与消费革命战略（2016—2030）》，在能源消费革命、能源生产革命和能源技术革命方面提出了确切的目标和行动路线，提出在能源消费领域实施总量和强度"双控"行动，把"双控"作为约束性指标，推动形成经济转型升级的倒逼机制。

二、建筑节能领域能源消费需求持续上升，新区建设和城市更新的能源刚性需求为 DHC 提供了更多的市场

1. 建筑能耗总量呈现持续增长趋势

能源是社会发展的基础和动力。当前，欧美地区能源消费总量趋于饱和、小幅波动阶段。我国是发展中国家，未来能源消费总量将在一段时间内保持增长态势。能源消费需求增长的主要因素为经济增长。尽管我国经济结构不断优化，但是第二产业占比较高，2018 年第二产业产值增加了 40.7%。同时，建筑、交通占社会总能耗的比重持续较高，新旧动能转换加快。大数据、数据中心、电动汽车、智能制造、信息产业等新兴产业的蓬勃发展，支撑了用电能消费增长；环境治理迫在眉睫。国家节能减排的环保政策力度

加大，节能、环保、绿色、低碳成为现代城市转型发展的方向，电、天然气等清洁能源需求增加。

根据《中国建筑能耗研究报告（2019）》（中国建筑节能协会能耗统计专业委员会 2019 年 11 月发布），2000—2017 年全国建筑能耗及平均增速放缓，建筑能耗较"十五"期间下降约 71%，但全国建筑碳排放总量整体呈现出持续增长趋势。2017 年达到 20.44 亿吨，较 2000 年的 6.88 亿吨增长了约 2 倍（图 8-1）。

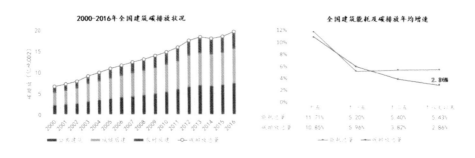

图 8-1　2000—2017 年全国建筑碳排放状况

如图 8-2 所示，2012—2017 年，全国城镇建筑碳排放增加了 1.23 亿吨。其中，人均建筑面积增长带来 3.06 亿吨碳排放，城镇化水平提升带来 1.37 亿吨碳排放。2017 年建筑能耗为 9.47 亿吨标准煤，占全国能源消费的比重为 21.11%，预测建筑能耗达峰年份为 2042 年，达峰峰值为 12.18 亿吨标准煤；建筑碳排放为 20.44 亿吨，占全国能源碳排放的 19.5%，预测建筑碳排放达峰年份为 2039 年，达峰峰值为 24.11 亿吨。

2. 未来建筑空间增长对建筑节能有更高需求

建筑是城市高质量发展的空间基础。截至笔者调查之时，中国人均 GDP 为 9770 美元，相当于西方发达国家 20 世纪 80 年代的水平。中国城镇化率为 60%，相比较日本的 92%，美国的 82%，经济及建筑需求在未来仍有较强的提升潜力。

根据国家统计局公布的 2019 年国民经济运行情况，2019 年全国建筑业总产值达 248446 亿元，比上年增长了 5.7%。全国建筑业房屋建筑施工面积为 144.2 亿平方米，同比增长了 2.3%。相信在未来相当长一段时间内，国内建筑市场仍有较高发展空间。

同时，我国政府债务余额占GDP比重远低于日本（超220%）、美国（超100%），具备较强的财政能力支撑城市建筑发展。

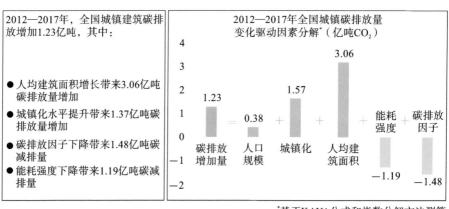

2012—2017年，全国城镇建筑碳排放增加1.23亿吨，其中：

● 人均建筑面积增长带来3.06亿吨碳排放量增加
● 城镇化水平提升带来1.37亿吨碳排放量增加
● 碳排放因子下降带来1.48亿吨碳减排量
● 能耗强度下降带来1.19亿吨碳减排量

图 8-2　2012—2017 年全国城镇建筑碳排放

在城市高质量发展的形势下，产业结构迭代升级、新旧动能转换加快，城市建筑节能空间巨大，为 DHC 的规模化应用孕育了巨大的发展空间。

三、基于投资指导的全产业链共建共享将成为 DHC 的主流

（1）先行先试的一批项目为行业推广与应用提供了案例研究样本。国内项目注重技术探讨，多采用不同能源形式的技术工艺组合，包括常规高效离心式制冷，利用余热吸收式制冷，基于冷、热、电三联供的分布式能源系统和基于热泵技术的可再生能源利用（浅层地热能，中深层地热能等能源优化整合）。如重庆江北嘴江水源热泵项目在夏季采取电制冷＋热泵＋冰蓄冷，冬季采用热泵采暖；苏州独墅湖科教创新区作为国内最大的吸收式制冷技术案例项目，采用溴化锂吸收式制冷＋蒸汽供热技术项目等，为暖通技术的集成应用创新提供了很好的实践基础。

（2）培育了一批市场主体，整合了行业上下游产业资源。DHC 行业的市场主体众多，包括设备厂商、设计单位、建设单位、运营单位、能源公司、燃气公司以及电力企业等。近二十年的行业实践促进了众多市场主体的发展，行业的兴起、发展激发并凝

聚了区域能源应用在可持续经营、系统性节能等方面的价值共识。

（3）DHC 服务模式逐步得到市场认可。尽管受传统的消费习惯、利益博弈等因素影响，市场对 DHC 应用所具有的降低系统初投资、降低碳排放、改善城市空间环境、减低客户使用费用等方面意义是认可的，客户对用能价格、服务水平是接受的，以中电节能投资运营的光谷软件园、光谷金融港项目为例，项目投运近十年来，未发生任何因能源站自身原因影响供能安全的重大情形。

四、地方政府是 DHC 的推动主体，绿色建筑和能效提升为 DHC 发展提供政策驱动

提升建筑节能与绿色建筑发展水平，提高建筑节能标准是我国建筑发展的重要工作。近年来，国家和地方政府出台了相关政策推广绿色建筑、节能建筑。以重庆市为例。重庆市自 2008 年开始推广可再生能源建筑，积极引导新建大型公共建筑应用可再生能源，推动每年新增应用面积超过 100 万平方米。建筑采用的可再生能源技术主要包括水源热泵、地源热泵、空气源热泵以及太阳能等。重庆市可再生能源建筑应用面积已突破 1500 万平方米，每年可减排二氧化碳 56 万吨，节约标准煤 21 万吨，节约建筑运行费用 3 亿元。

近两年来，重庆市两江新区水土片区可再生能源建筑应用集中连片示范区和全国最大的"水空调"项目——江北城 CBD 区域江水源热泵集中供冷供热项目通过专家验收，悦来生态城 320 万平方米、仙桃数据谷 120 万平方米区域集中供冷供热项目先后启动，渝中半岛、九龙半岛、广阳岛等区域可再生能源区域规模化应用正在进行前期规划论证，为重庆市建筑节能减排赋予新动能。

以淮河以南的合肥市为例，合肥市积极推广新能源开发利用并取得了一些成果，新能源主要包括地源热泵、污水源热泵、冰蓄冷、天然气分布式能源等，可广泛应用于商业办公、居民小区的采暖制冷。目前，建成及拟建的新能源区域供冷供热项目有合肥国家水利专项生态实验基地地源热泵工程、滨湖新区能源中心地源热泵工程、合肥滨湖新区核心区域能源项目、蓝天花园小区地源热泵项目、高铁西站污水源热泵项目等。其中，合肥滨湖新区核心区的区域能源项目采用地源热泵、污水源热泵、蓄冷、天然气分布式能源等多能互补型能源利用方式，规模化利用可再生能源，错峰利用和梯级高效利用清

洁能源，实现多能互补，可再生能源占 60%，其他清洁能源占 40%。

第二节　DHC 的推广难点

　　DHC 的推广应用与社会经济发展密切关联。1949 年后按照秦岭 - 淮河为界限，秦岭 - 淮河以北采用城市集中供暖，除了基于地理、气候因素外，还有一个重要因素是当时的中国社会经济发展水平低。随着改革开放的不断深入，社会经济发展水平的提升，居民对生活品质的需求相应提高，秦岭 - 淮河以南冬季采暖的呼声近年来居高不下，北方集中采暖通过政策来解决，南方采暖和长江流域冷暖联供更多的通过市场化方式解决。

　　DHC 的市场化过程不只是单纯的技术路线选择，规模化的 DHC 应用面临经营上的挑战和困难也不少。除了国家法律法规、行业规范的缺失外，还有来自消费观念、个性特征、系统思维以及多方的利益博弈等方面因素制约。

一、消费观念在不断变化

　　DHC 不是特定的产品或技术，是一种通过技术集成应用实现能源高效利用的创意。DHC 推广的不是某一项产品或者某一特定的技术，比如 VRV、离心机组，地源热泵、冰蓄冷技术等，而是一种集约使用能源的新的消费观念与新的节能文化。

　　（1）分享经济（自建自用为主，物的所有权）向共享服务（共建共用，物的用益权）过渡。分享经济是指个人、组织或企业，通过互联网第三方平台分享闲置实物资源或认知盈余，以低于专业性组织者的边际成本提供服务并获得收入的经济现象，其本质是以租代买，资源的支配权与使用权分离，它关注的是如何再分配，注重提高再分配物品的有效性。

　　共享经济一般是指以获得一定报酬为主要目的，基于陌生人且存在物品使用权暂时转移的一种新的经济模式，其本质是整合线下的闲散物品、劳动力、教育医疗资源。有人也说共享经济是人们公平享有社会资源，各自以不同的方式付出和受益，共同获得经济红利。共享经济面对的是如何分配的问题，注重加强分配物品的公平性。DHC 由能源公司投资、建设、运营，通过智慧能源服务平台向分散用户供能，用户除了支付用能费外，设备设施的维护维修、更新改造等全部由能源公司承担。

民法上有一个重要的物权概念，物权是民事主体（权利人）依法对特定的物享有直接支配和排他的权利，包括所有权和他物权（用益物权、担保物权），或者说指自然人、法人直接支配不动产或者动产的权利，包括所有权、用益物权和担保物权。传统用能模式下业主或者用户更关注建筑的空调需求的功能性配套，更多地体现为对设备设施的资产所有权（产权）的意识主张，DHC 更关注设备设施资产的服务与效益，体现了所有物权向用益物权的转变，是对物权概念消费和服务的升级。

（2）物业大包大管向能源管家服务转变。常规的空调运行管理多数委托物业公司负责，物业公司提供水、电、气、绿化、保洁等基础物业管理，同时负责空调设备维护管理，空调用能与照明、电视等混合计量，捆绑物业费合并收费。表 8-1 为单采暖技术路线常规物业运营与能源服务公司的对比。

表 8-1　单采暖技术路线

类　　别		常规物业运营	能源服务公司
管理团队	服务主体	注重大物业管理，其中空调部分为小物业	能源投资、建设、运营为主营业务
	机构设置	物业公司设置工程部门，配置一组小团队负责空调方面的设备 / 系统运行	按照公司组织架构建立专业服务团队
	体系保障	仅有简单的设备操作规程	成熟的装备管理、生产运营、客户服务体系
	服务团队	暖通技术人员较少，多是制冷操作工或维修工	暖通、电气、自控、设备等专业工程师，涵盖设计、建设、运维各个领域专业技术人员
	服务期限	执行物业协议，仅限于短期合同期限，没有对系统长期管理规划	注重全生命周期的经济寿命，保证均衡使用，尽量减少设备 / 系统更新
	安全保障	缺少长期技术服务团队，基本采取一个项目招聘若干管理人员组建团队	生产运行、装备管理、客户服务闭环体系，安全、稳定性高

类　　别		常规物业运营	能源服务公司
技术服务	工作范畴	前期不参与项目的设计、建设，接管竣工验收后的系统运行	前期参与项目的设计、建设，注重能源管家服务的技术可行性、经济性
	技术力量	保障移交接收设备的正常操作	集成技术、智控技术、运营技术等关键领域，设计、建设、运营全过程创新
	工作内容	按照物业合同，保证空调系统的运行	负责空调系统正常运行外，实现系统的节能运行，延长系统寿命
	技术更新	按照物业合同约定，保证空调系统基本运行	在保障正常运营的前提下，节能增效为目标开展节能创新，降低运营能耗，降低客户费用
运维服务	客服服务	被动根据客户的需求，保障系统的正常运行，客户体验度相对不高	从能源综合运营角度助力项目租售、产业招商，提高客户使用体验
	用能收费	空调收费与物业费绑定固定收取	根据客户用能灵活采取时间型、能量型、面积型收费方式
	服务保障	外包或购买专业技术公司维修服务	有成熟服务体系和服务团队支撑
	配件服务	采取外包或现购方式维修	常规设备／材料备品备件库，满足系统运行需求

（3）静态负荷需求向动态负荷需求转变。开发商统一配套建设，或者交由业主自行安装建设空调系统，关注的是建筑的空调功能性配套，方案设计缺少区域群体性项目空调用能的大数据支撑，难以考虑项目投运后的招商入住率、动态空置率。DHC 基于区域群体性空调方案，注重动态负荷需求与静态设计负荷需求的匹配，注重建设、运营全过程的节能空间挖掘，主要采用计量收费方式，倡导用户行为节能。

二、独特的个性化特征

从国内的 DHC 项目看，每个项目都是创新的，是不可复制的，没有哪两个项目是完全一模一样的。投资方根据项目的实际情况，因地制宜地选择最适合的技术路线，实现项目节能、经济及社会效益最大化。影响项目个性化特征的主要有气候、项目属性、能源条件、业主需求及政策等因素。

气候特征直接影响当地的能源消费需求差异。最基本的就是南方供冷，北方供暖，长江流域、中部地区基本是供冷供热一起。现在越来越多的南方城市有供暖需求，同时越来越多的北方城市也有供冷需求，需要同时供热供冷已逐渐成为一种主流趋势。

从项目属性上看，DHC 项目必须做好前期项目的定位分析，项目业态、项目背景要匹配。

从能源结构看，不同的地区能源禀赋、能源价格不同，比如说一个地方有充足的天然气，且气源充足，那就可以考虑多利用天然气作为上位能源。比如说有的地方电费价格有政策优惠，那么可以考虑利用冰蓄冷。如果江水源丰富，那么就可以利用江水温差实现供冷供热。如果地区土壤条件好，使用地源热泵技术就比较有优势。如果项目附近有蒸汽或天然气，电价有优惠政策，项目又临江或者地质条件好，我们就可以选择最合理的技术组合路线。

从业主需求看，不同的消费要求会影响技术路线的确定。以酒店为例，一些高品质的五星酒店或者超五星酒店需要同时供冷供暖，而一些四星酒店没有这个需求。又比如医院业态，住院部需要 24 小时提供冷暖服务，但办公区主要是工作时间用能。常规的 DHC 系统主要解决舒适性空调需求，针对工艺性空调、个性化用能需求（恒温恒湿、同时冷热联供等）如何优化技术路线，实现节能增效，离不开技术与经营的综合考量。

三、典型的系统性思维

系统由两个或两个以上的元素相结合的有机整体，反映的是人们对事物的认识论，系统性有无限丰富的内涵和外延。系统思维是以系统论为基本模式的思维形态，具有整体性、结构性、立体性、动态性、综合性等特点。

传统分散 VRV 或者楼栋机房主要以电空调为主，项目建设更多基于机电工程思维，主要考虑工程成本、质量、进度和安全控制，DHC 不只是单纯的中央空调机房规模放大，而是区位经济、能源条件、技术路线、商业模式、政策法规、价值机制等资源要素的综合经营体系，项目投资决策、上位能源选择、技术路线选取等具有典型的系统集成特性。

新时代的节能工作已经从单一的设备、技术节能向综合节能、系统节能转化，单一的设备、节能技术使用已经无法满足更高的节能减排要求。从设备角度看，任何设备的能效值都有一个上限，例如一台离心机满载设计 COP 值是 5.8，通过维护、保养维持到 6.1 难度不大，但要将离心机 COP 值提高到 12 完全不可行。从技术角度看，DHC 技术已经较为成熟，依靠某项专业技术实现大幅度节能减排也不太现实。

系统性思维要求由点及面，硬技术、软技术结合。硬技术指的就是专业技术上的提高、突破，例如通过单项技术创新提高设备的运行效率，通过某一个节能技术应用减少能源消耗，通过更为合理的集成硬件设施减少能源损耗等，包括设备选型、负荷模拟、方案设计等；软技术则是包括大数据分析、管理节能、人机结合节能等。技术的载体是人，未来的 AI 技术再发达，仍然离不开人，人机合一，通过组织管理激发人的主观能动性与设备的效能结合。

四、复杂的多方利益博弈

DHC 一般由能源公司按照运营导向统筹设计、建设全过程，颠覆了常规机电工程的三权分离模式，尤其是产业链上下游的众多参与主体单位打破了既有的思维方式，在节能增效目标下构建合作共赢关系，涉及政府、开发商、用户、能源公司以及环境资源等多方主体。

成功的 DHC 项目必须坚持可持续经营原则，经营统筹技术路线、商业模式、政策及市场，通过持续技术创新，挖掘设计、建设、运营全过程的节能空间，实现节能增效，降低系统建设初投资，降低运营使用成本，与开发商、用户等共享节能效益。

第三节　中电节能的推广实践

中电节能于 2010 年 7 月 26 日正式成立，至今已经走过了十年的发展历程。十年来，公司践行"绿色构筑多赢"的经营理念，持续走市场化发展之路，先后完成武汉光谷金融港、武汉光谷软件园、合肥金融港、北辰光谷里、智慧生态城等能源站投资、建设、运营，为武汉未来科技城起步区一期、武汉雅图光影城、扬州颐和医疗健康中心、武昌电厂等能源站项目提供设计、咨询技术服务，并承接了中建光谷之星、国家网络安全与人才创新基地、全球公共采购交易服务中心（国采光立方）委托运营业务。

十年来，中电节能从初创、成长，初步实现可发展、壮大，为行业发展贡献了自身力量，在市场化实践的同时，我们见证了中国社会经济的发展，尤其是城市、产业、能源、技术、生态以及环境等转型发展变化。在市场推广过程中，我们先后参与了不少地产开发项目，产业类型丰富，包括产业园区、商业综合体、综合医院、大型公建、酒店公寓等；接触到的合作对象多样，包括工业地产商、商业地产商、住宅地产开发商、政府（含政府投融资平台）以及个人用户等，有国企、民企，有全国性地产集团，也有区域性或者城市地产公司，有业主自投自建自用（如医院、酒店）。在这些项目的市场推广过程中有成功有失败，有经验有教训。

结合自身的发展经历，以及广州大学城、珠江新城区域供冷等代表性项目的应用状况，我们不断丰富核心技术、运营实践优势，积累了一些投资、运营经验，并不断地开展总结、优化。

一、长期可持续经营的市场化原则

市场化 DHC 的核心是服务与共赢，以全生命周期的经济性为目标（图 8-3），与业主方、用户、运营商、政府、环境、物业等多方主体，主要是业主（开发商）、用户、运营商三方构建良好的供用能服务关系，通过分散到集中的服务模式创新，以及持续的节能技术创新，降低系统初期投资、后期运行成本挖掘节能空间，共享节能收益。

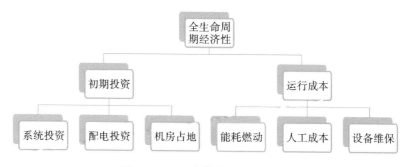

图 8-3　DHC 全生命周期的经济性

二、以终为始的全过程统筹方式

中电节能自成立开始一直坚持技术型的能源服务公司的企业定位，构建自主运营服务、技术研发、工程建设体系，从武汉光谷金融港一期能源站实施开始，不局限于单一特定节能技术、产品，运营导向统筹设计、建设全过程，规划设计权、投资建设权、运营管理权三权合一，追求综合性、系统性、全面性的节能思想，既要重视前期规划设计的静态节能，也要注重后期运营阶段的动态节能，综合动态空置率以及实际负荷偏差等因素，实现全过程节能、全生命周期经济性（图 8-4）。

图 8-4 全过程节能

三、灵活多样的合作推广机制

基于 DHC 项目的不可复制的创新性和个性化特征，针对不同项目以及业主不同需求，主要服务方式有接入服务、工程定制、技术服务、委托运营等，如图 8-5 所示。

（1）接入费模式。中电节能按一定标准向客户收取接口费（范围：站内全部冷暖设备及系统，与设备相关的控制类电控装置，从能源站出机房地埋或架空庭院管网至建筑内 1 米、楼栋计量总表及单层面积 1000 平方米以上的楼层计量表，能源站智能智控系统），中电节能负责投资、建设、运营，按一定标准向直接客户收取能源使用费，合同期一般为 20 年，期间所有成本均由中电节能承担。

（2）定制模式或 EPC 模式。双方先期确定一个投资控制标准，在此基础上由中电节能进行设计、建设。

（3）技术咨询服务。中电节能可以接受委托，向业主提供调研、立项、设计、招标、建设、运行等一系列技术服务。

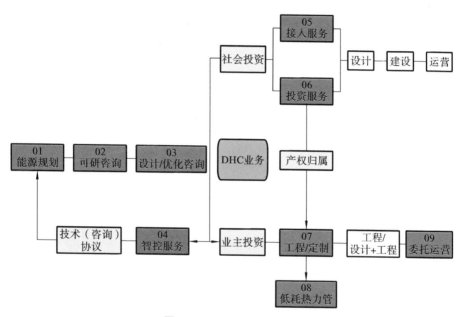

图 8-5　DHC 项目服务方式

（4）委托运营。可以提供运行团队进行能源管理，同时也可以提供能源站管理人员培训（图 8-6）。

基于接入投资、工程定制、技术服务、委托运营等服务方式，进一步衍生开展智能智控、能耗管理、低耗热力管材等业务。

中电节能的 DHC 推广主要沿长江流域，包括重庆、成都、武汉、合肥、长沙、上海、深圳等城市开展。目前已完成了 10 个能源站 500 万平方米的建筑服务面积，预计 2022 年公司将累计实现服务建筑面积超过 1000 万平方米。

应用案例：武汉光谷软件园 DHC 项目（图 8-7）。

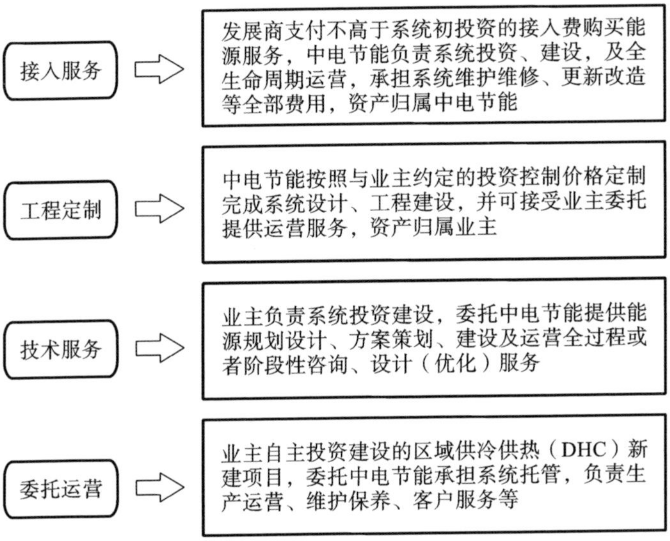

接入服务 ⇨ 发展商支付不高于系统初投资的接入费购买能源服务，中电节能负责系统投资、建设，及全生命周期运营，承担系统维护维修、更新改造等全部费用，资产归属中电节能

工程定制 ⇨ 中电节能按照与业主约定的投资控制价格定制完成系统设计、工程建设，并可接受业主委托提供运营服务，资产归属业主

技术服务 ⇨ 业主负责系统投资建设，委托中电节能提供能源规划设计、方案策划、建设及运营全过程或者阶段性咨询、设计（优化）服务

委托运营 ⇨ 业主自主投资建设的区域供冷供热（DHC）新建项目，委托中电节能承担系统托管，负责生产运营、维护保养、客户服务等

图 8-6　合作推广方式

图 8-7　武汉光谷软件园

项目概述：武汉光谷软件园规划用地 680 亩，总建筑面积 73 万平方米，为国家火炬计划软件产业基地和商务部认定中国服务外包基地。

能源规模：夏季 46 MW，冬季 31 MW；该项目夏季采用电制冷 + 溴化锂制冷；冬季采用蒸汽供暖方式。

运行概况：项目 2011 年建成并投入运行，主要为园区 40 万平方米的办公建筑集中提供冷、热服务，现已投入服务面积 25 万平方米，业态包括办公空间、医院（体检、牙科门诊）、商业空间（银行营业厅、健身房、食堂），用能需求相对集中，同时呈现分散性，夜间有加班需求。通常，办公空间运营时间为 8:00—19:00，医院要求 24 小时；商业空间运营时间一般为 24 小时，健身房 10:00—22:00；食堂用能时间为中晚餐时间。

技术创新包括：采用区域供冷供热的理念，集约高效使用能源，合理降低装机容量，降低初投资；采用高效设备集成，提高系统 COP；采用高新热电厂余热蒸汽提高能源综合利用率；采用大温差小流量的输配工艺，减少管网建设初投资，节约管网运行耗电，有利于管网水力平衡，增加管网稳定性；采用区域能源智能控制系统，集健康检查、水力平衡、智能控制、能耗管理、优化运行为一体的全面解决方案，确保满足用户环境舒适的情况下，降低能耗、高效管理需求。

应用案例：武汉光谷金融港 DHC 项目（图 8-8）。

图 8-8　武汉光谷金融港

项目概况：项目为华中区金融后台服务中心，以金融服务、科研办公、软件研发等业态为主，多为高层及独栋办公空间，配套食堂、青年公寓、底层商业空间、运动球馆、园区基石企业、中小微企业有多种形态，用能各有特点，有集中，有分散。

技术路线：采用电、蒸汽、蓄冷组合方式，具体采用两台400万千卡的溴化锂吸收式冷水机组、两台400万千卡离心式制冷机组，并配备两台制冰机组用来夜间加班和高峰负荷调峰，夏季冷冻水供、回水温度为6.5/13 ℃，冬季供、回水温度为60/50 ℃。冬天采用两台汽水换热机组，热源为电厂余热蒸汽，经减温减压装置后与汽水换热器进行换热。

运行概况：项目2012年建成并投入运行，光谷金融港园区平均用能费用约63元/平方米/年，业态包括金融办公、普通办公、酒店、餐饮、商业，服务客户300家，典型代表性用户包括 泰康人寿、捷信金融等， 年平均用能费用为55～65元/平方米。

应用案例：国家网络安全人才与创新基地（图8-9）。

图8-9　国家网络安全人才与创新基地

项目概况：项目包括网络安全创新基地、公共孵化中心、网络安全研究院、网络安全人才培训中心、网络安全学院、人才社区、超算中心及共享中心，打造国内独具特色的"网络安全学院＋创新产业谷"基地。

　　运行概况：项目空调能源解决方案采用地源热源、高效离心机、燃气真空热水机组方式，中电光谷控股有限公司携旗下丽岛物业服务有限公司、全派餐饮有限公司、中电节能有限公司在项目建设过程中提供智能化数字园区以及智能智控系统技术服务，项目建成投运后提供综合委托运营服务。其中，中电节能负责能源系统托管，承担能源站生产运行、装备管理、客户服务等内容，目前网络安全创新基地、网络安全学院等已先后投入运营。

　　应用案例：武汉未来科技城起步区一期（图 8-10）。

图 8-10　武汉未来科技城起步区一期

　　项目概况：武汉未来科技城位于武汉东湖新技术开发区南、北区域，重点发展新一代信息技术产业、光电产业、高端装备制造以及现代服务业务，配套其他新型战略性产业研发。

　　中电节能为未来城起步区一期能源站项目提供能源规划、能源站设计服务，项目于

2014 年建成，并已投入运行。

图 8-11 为国内其他已建成的中电节能主导的 DHC 项目。

成都芯谷

北辰光谷里

武汉智慧生态城

洛阳财富中心

宁波杭州湾

长沙中电软件园二期

图 8-11　中电节能其他 DHC 项目

上海中电信息港   合肥光谷金融港

续图 8-11

第四节   推广对策与展望

在中电节能成立十周年之际，我们同时迎来了国家"十三五"规划收官和"十四五"规划新启之年，中电节能将在前十年深入市场推广应用实践的基础上再次扬帆起航。在即将开始的"十四五"期间，中电节能将积极顺应国家绿色、低碳、节能、环保的政策趋势，紧紧抓住中国经济高速度发展转向高质量发展的契机，做到推广点与面结合、技术与市场结合、经营与模式结合，为整个行业的快速、健康、规模化发展贡献力量。

一、区域能源的节能服务文化培育与宣传

作为一种先进的节能理念，DHC 体现了集成的技术思想和方法，在充分考虑项目的实际使用条件下系统整合各项专业技术（图 8-12）。中电节能倡导：①新的建设方式，运营指导并统筹设计、建设全过程服务的模式；②新的消费习惯，对用户而言，面临着产品的公共服务性提供与需求个性化的匹配问题；③新的服务理念，通过特有的能源服务管理模式，保障能源品质稳定、能源费用经济及能源系统安全；④新的节能文化，通过提高能效、降低能源消耗，提升社会的能源认知。

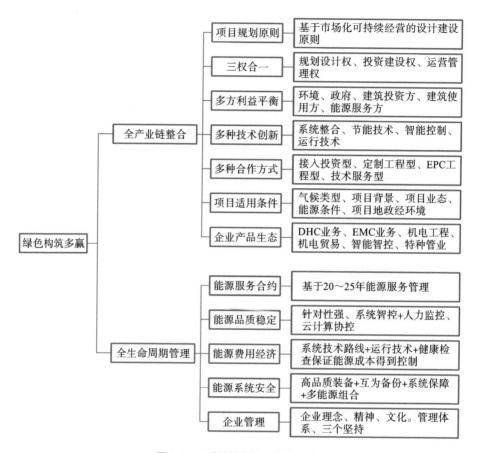

图 8-12　系统整合各项专业技术

中电节能将开展区域能源文化培育与宣传，从认知上改变传统的用能方式和固有的消费习惯，从新的角度对能源、环境、技术、经济、市场等相互关系及能源规律的认知进行升级。

二、着眼于全产业链和全生命周期的价值共建、共享、共生

全产业链是 DHC 的服务手段和方式，全生命周期是 DHC 追求的结果，全产业链、全生命周期是 DHC 经营模式的两大显著特征。

全产业链要求的是运营导向下的设计、建设全过程统筹，只有将投资单位、设计单位、

施工单位、运营单位等各方主体利益整合到全生命周期经济性的结果导向上，才能最大限度地发挥系统集成，全程高效特性。

全生命周期关注的是系统的运行能效以及运营经济性，要立足于区域性、全生命周期两个维度发挥 DHC 的节能增效价值。

（1）区域性。区域性与 DHC 的项目规模、供能半径有关。行业内对单个 DHC 项目的供能规模及供能半径的研究已基本形成共识，原则上以 1.5 千米为限。相对于连接机房和用户的输送管网，区域范围加大会造成管网投资增加，同时输配管路能耗增大。

（2）全生命周期。以中电节能的市场推广经历为例，在进行 DHC 方式与多联机 VRV 经济性比较时，DHC 基于能源形式的多样化可以采取多种技术路线组合，导致项目初投资存在差异。原则上初投资不应高于常规分散系统。同时，从系统运行使用寿命看，DHC 由于有专业的装备维护管理团队，由智慧能源管理系统定期设备健康检查，可以减少设备故障概率，延长设备使用寿命，提高运营维护经济性。VRV 使用寿命通常为 1～12 年，DHC 服务一般持续 20～25 年，全生命周期的维护保养、更新改造费用约为系统初投资的80%。

三、基于区域经济与用户属性的项目投资分析

区域经济的发展程度与区域产业发展互为支撑，城市建设水平与区域经济发展程度及区域产业发展密切相关。新时代下的中国区域经济不仅仅是行政区划和地位区位，也是产业运营发展水平、质量和优势的体现，更是产业创新能力的反映。

区域经济发展水平的一个重要标志是区域内能源的获取方式和能源的消费方式。区域内能源存在形式是客观的，能源的开发和利用水平反映了区域经济的发展水平，能源的开发和利用方式反映了区域经济的创新程度和发展质量。

随着中国改革和创新推进，区域经济发展差异性特色更加明显。目前，我国已经明确"京津冀协同发展""长江经济带发展战略""粤港澳大湾区"和"长三角一体化"战略发展规划以及"黄河流域生态保护和高质量发展规划"，五大国家级区域战略发展规划将极大地引领和带动区域经济发展。

DHC 推广离不开区域经济背景及项目属性结合。从 DHC 项目的区域属性看，长江

流域城市适合推广使用 DHC，珠三角城市（南至福州）适合区域供冷（DCS）推广应用。

四、城市新区开发的区域能源规划引导

区域能源规划是结合区域实际情况，对区域内各种能源供应进行科学规划，以节约能源使用，提高区域能源使用效率，改善区域环境，实现区域可持续发展。

城市区域能源规划旨在加强能源、经济、环境、建筑与城市建设的协同发展。目前，我国有城市发展规划，有电力、燃气、供热等专项能源规划，缺少区域能源规划，相关规划标准发展相对滞后，阻碍了区域经济发展，也影响了城市高质量发展。

项目建设实施采取统筹能源规划，分期建设分步投入。城市新区开发或者新建项目时，区域能源规划介入宜早不宜迟，协同城市建设规划纳入顶层规划设计，实现新区开发和新建项目能源、环境、经济的有序协调发展。

五、城市既有旧建筑节能改造转型的需求侧智慧能源响应

城市既有老旧建筑的能源效率通常较低，能耗水平高，其中蕴藏的节能改造空间大。推进既有旧建筑节能改造是推动建筑能源消费革命，推进城市治理现代化的需要。

既有老旧项目节能改造有其自身的特点，从项目定位和建筑功能调整变化前后的能源需求出发，既要考虑到现有的产业结构升级，产品产能扩容等新情况，又要兼顾现有的设备设施、空间场地、电力容量等资源条件，在项目调研、诊断、评估的基础上，整合能耗管理系统和节能智控系统，引入并构建智慧能源管理系统，满足项目提高建筑能效、优化运行管理的需求。

六、创新 DHC 的市场化运作机制

早期 DHC 项目多在政府主导或者支持下建成。政府主导或者支持方式主要有二种：

①在政府推动下建成区域能源项目。

②政策上扶持，例如区域能源项目在项目开发时有税金减免，或者是在后期能源利用上有政策优惠等。

③直接财政补贴，国家或者地区政府通过财政补贴方式用来扶持项目投产经营。

市场化发展方向发展。一些 DHC 项目在停止享受国家补贴后出现亏损，这不是一个朝阳行业的正常现象，不利于行业的长期健康发展。一大批能源服务公司从国企中孕育而生，企业属性、背景特别清晰，行事风格也有较深的国企烙印，一些大型的区域能源项目也都由它们牵头，许多优秀的民营能源服务企业难以参与进去。大型国企负责的 DHC 项目往往开始大笔资金投入，经营几年后发现势头不对，持续经营只会导致亏损加大，为此打算撤资离场。这类项目的投资亏损影响了行业整体发展。

大型国企或者政府投融资平台具有政策、资源及平台优势，社会投资主体具有资金、技术及机制优势，充分整合政府投融资平台、社会投资主体的各方优势，采取政府引导+市场运作的灵活方式，有利于推动 DHC 项目应用实施。

结语

　　纵观国内十数年 DHC 的实践，通过对近百个 DHC 项目的运行分析可以看出：多方利益失衡和经营成果差强人意是其主要的表现，引发了 DHC 也难成为引领新一轮节能增效方式的质疑。

　　DHC 从表面看就是一个放大版的"空调机房"，但其内涵已远远超出传统空调机房。DHC 不仅满足建筑空调用能的需求，而且具备系统造价更低、用能成本低、能源供应可靠性高、可持续经营性强的优点，从而实现多方共赢和可持续经营。

　　DHC 作为大型服务型的机电系统，多方共赢是其实现可持续经营的必要条件，作为 DHC 服务商，只有通过技术创新、管理创新、智能指控等手段提高能源利用效率，通过提升能源服务品质，不断优化运营管控，压缩用能成本，实现可持续的 DHC 运营，实现多方共赢。

　　DHC 作为大型的经营性机电系统，务必改变常规机电工程将作业链分为规划设计、投资建设、后期运营三个阶段，造成三权分离的系统建设组织方式，而应坚持以多方共赢的可持续经营为实施原则，以 DHC 经营为"终"，引导规划设计和投资建设的"始"，为后期可持续经营创造一个优良的运营平台。

曲　滨

中电节能有限公司总经理